长江岸线资源调查技术规程

段学军　曹有挥　王晓龙 等　编

科学出版社
北京

内 容 简 介

本书在收集、整理和总结国内外岸线资源调查技术相关研究成果和长期研究实践经验的基础上，建立了一整套岸线资源调查的技术规程。全书共7章，内容包括岸线资源本底（陆域）调查规程、岸线资源本底（水域）调查规程、岸线利用现状调查规程、滨岸湿地生态调查规程、滨岸水域水环境调查规程、沿岸地区经济社会调查规程、数据整编与数据库建设技术规程等。

本书可供从事涉及河湖岸线资源的城市与区域规划、产业布局、航运交通、环境科学、生态学、水利与流域管理、地理信息数据库构建等方面的科研人员、工程技术人员、管理人员和高等院校的有关专业师生参阅。

图书在版编目（CIP）数据

长江岸线资源调查技术规程/段学军等编. —北京：科学出版社，2018.6
ISBN 978-7-03-057876-1

Ⅰ.①长… Ⅱ.①段… Ⅲ.①长江流域-自然资源-资源调查-技术规范-中国 Ⅳ.①P966.2-65

中国版本图书馆CIP数据核字（2018）第126523号

责任编辑：周 丹 沈 旭/责任校对：王 瑞
责任印制：张 伟/封面设计：许 瑞

科学出版社出版
北京东黄城根北街16号
邮政编码：100717
http://www.sciencep.com

北京建宏印刷有限公司印刷
科学出版社发行 各地新华书店经销

*

2018年6月第 一 版 开本：720×1000 1/16
2018年6月第一次印刷 印张：7 1/8
字数：144 000

定价：69.00元

（如有印装质量问题，我社负责调换）

前　言

我国流域面积大于100km^{2}的河流共有5万多条，总长度43万km，大于100km^{2}的湖泊有130多个，大于500km^{2}的湖泊有26个。岸线资源是指占用一定范围水域和陆域空间的水土结合的国土资源。河流（湖泊）两侧（周边）广布宝贵的岸线资源，涉及水、路、港、产、城和生物、湿地、环境等多方面，既是港口、产业及城镇布局的重要载体，也是江河湖泊的生态屏障和污染物入河湖的最后防线。作为江河湖泊生态环境的重要组成部分和核心环节，岸线资源发挥着无可替代的重要生产、生活和生态环境功能。

随着我国经济社会的快速发展和城市化、工业化进程的加速，江河湖泊岸线开发活动日益增多、开发强度不断加大，出现开发秩序混乱、开发功能不协调的情况，同时造成诸多生态环境问题，特别是以长江为代表的大江大河岸线开发和保护之间的矛盾已经十分突出。然而，目前我国面临着对江河湖泊岸线资源“家底不清”的情况，岸线资源定义及调查缺乏技术指导，影响岸线资源调查工作、岸线资源相关研究与管理工作的开展。因此，在总结国内外已有研究、结合实践调查工作经验的基础上，形成岸线资源调查的技术规程具有极其重要的意义。

本书在中国科学院科技服务网络计划（STS计划）重点项目“长江经济带岸线资源调查与评估”（KFJ-STS-ZDTP-011）、生态环境部长江经济带战略环境评价重点专题“岸线资源开发生态环境影响研究及对策”的资助下完成。本书为项目组全体科研人员的研究成果，各章节主要编写成员为

第1章，徐昔保、胡慧芝；

第2章，黄群、孙占东；

第3章，梁双波、曹有挥、段学军、刘玮辰；

第4章，王晓龙、蔡永久、吴召仕；

第5章，王晓龙；

第6章，段学军、邹辉、陈维肖；

第7章，林晨、闵敏。

全书由段学军负责总体设计与统筹工作。

本书的完成要特别感谢中国科学院科技促进发展局的大力支持，感谢中国科学院南京地理与湖泊研究所虞孝感研究员在项目实施过程中的倾心指导，感谢中

国科学院南京地理与湖泊研究所杨桂山研究员、中国科学院地理科学与资源研究所王传胜副研究员等专家在长江岸线领域的研究成果为本书的编写提供思路与借鉴。感谢中国科学院测量与地球物理研究所肖飞副研究员和冯奇博士、中国科学院成都山地灾害与环境研究所张继飞博士、湖北大学王润教授等在方案实施与讨论过程中提供的帮助与建议。

本书的编写人员虽然长期从事河湖岸线调查研究工作，但由于岸线资源涉及的学科门类较多，且相关调查方法处于不断探索的阶段，限于编者水平，难免有错、漏和不当之处，恳请有关专家和读者予以指正，以便进一步修改和完善。

作　者

2018 年 3 月

目　录

前言
第 1 章　岸线资源本底（陆域）调查规程 ……1
1.1　引言 ……1
1.2　规范性引用文件 ……1
1.3　调查总则 ……2
1.3.1　调查目的 ……2
1.3.2　调查内容 ……2
1.3.3　资料整理与收集 ……2
1.3.4　工作底图 ……3
1.3.5　坐标系统 ……3
1.3.6　范围界定 ……3
1.4　遥感解译与调查 ……3
1.4.1　土地利用/覆盖遥感分类体系 ……3
1.4.2　土地利用/覆盖遥感解译 ……5
1.4.3　地质灾害影像特征与解译 ……6
1.4.4　遥感解译过程 ……6
1.5　实地调查与验证 ……7
1.5.1　遥感解译野外验证 ……7
1.5.2　地质灾害实地调查 ……10
1.5.3　生物多样性野外调查 ……11
1.6　数据处理与资料整编 ……12
1.6.1　数据处理过程 ……12
1.6.2　资料整编 ……16
1.7　报告编写内容与格式 ……17
第 2 章　岸线资源本底（水域）调查规程 ……19
2.1　引言 ……19
2.2　规范性引用文件 ……19
2.3　调查总则 ……19

2.3.1 调查目的 …… 19
2.3.2 调查范围 …… 20
2.3.3 调查内容 …… 20
2.3.4 资料收集 …… 20
2.3.5 测量仪器设备 …… 20
2.3.6 工作底图 …… 20
2.3.7 坐标系统 …… 20
2.4 资料调查与处理 …… 21
2.4.1 河床地质地貌 …… 21
2.4.2 河道基本情况 …… 21
2.4.3 水文特征 …… 21
2.4.4 泥沙特征 …… 21
2.4.5 河道水情变化分析 …… 21
2.4.6 河道冲淤变化分析 …… 22
2.5 河道断面调查 …… 22
2.5.1 调查基本技术方法 …… 22
2.5.2 水深测量断面布设 …… 23
2.5.3 水位观测 …… 23
2.5.4 水上测量 …… 23
2.5.5 岸滩测量 …… 24
2.6 河势稳定性调查 …… 24
2.6.1 定义 …… 24
2.6.2 河道历史演变 …… 24
2.6.3 河道横向变化 …… 24
2.6.4 河道纵向变化 …… 25
2.6.5 洲滩、深槽、汊道、弯道变化 …… 25
2.6.6 近岸河床演变 …… 25
2.7 数据处理与资料整编 …… 25
2.7.1 资料整理 …… 25
2.7.2 资料汇交 …… 26
2.8 报告编写内容与格式 …… 26
第 3 章 岸线利用现状调查规程 …… 27
3.1 引言 …… 27

3.2 规范性引用文件……27
3.3 调查总则……27
3.3.1 调查目的……27
3.3.2 调查内容……28
3.3.3 资料收集……28
3.3.4 测量仪器设备……29
3.3.5 工作底图……29
3.3.6 坐标系统……29
3.3.7 岸线范围界定……29
3.4 资料与遥感调查……29
3.4.1 岸线利用分类体系与标准……29
3.4.2 不同利用类型遥感解译与识别技术、标准、要点……31
3.5 实地调查……33
3.5.1 政府部门及企业调查要点与调查表……33
3.5.2 重点岸段利用类型实地判别与校正……35
3.6 资料整编与汇交……40
3.6.1 资料整理……40
3.6.2 资料汇编……41
3.7 报告编写内容与格式……42
3.7.1 文本格式……42
3.7.2 报告章节内容……43
第4章 滨岸湿地生态调查规程……44
4.1 引言……44
4.2 规范性引用文件……44
4.3 调查总则……45
4.3.1 调查目的……45
4.3.2 调查范围……45
4.3.3 调查季节……45
4.3.4 调查内容……45
4.3.5 资料收集……45
4.3.6 测量仪器设备……46
4.3.7 工作底图……46
4.3.8 样本编码……46

4.4 滨岸湿地空间分布调查……46
4.5 滨岸湿地植被调查……47
4.6 滨江湿地土壤调查……48
4.7 质量控制……50
第 5 章 滨岸水域水环境调查规程……52
5.1 引言……52
5.2 规范性引用文件……52
5.3 调查总则……53
5.3.1 调查目的……53
5.3.2 调查范围……53
5.3.3 调查时期……53
5.3.4 调查原则……53
5.4 水质调查……54
5.4.1 调查内容……54
5.4.2 调查方法与技术要求……54
5.5 水体浮游植物调查……61
5.5.1 试剂……61
5.5.2 主要器具……61
5.5.3 采样点布设……61
5.5.4 采样频次……62
5.5.5 采样层次……62
5.5.6 样品采集……62
5.5.7 样品固定、沉淀和浓缩……62
5.5.8 样品鉴定……62
5.5.9 计数和生物量测算……63
5.5.10 结果整理……63
5.6 底栖动物调查……64
5.6.1 试剂……64
5.6.2 主要器具……64
5.6.3 采样点布设……64
5.6.4 采样频次……65
5.6.5 样品采集……65
5.6.6 样品处理与保存……65

5.6.7　样品鉴定……66
5.6.8　计数和生物量测算……66
5.6.9　结果整理……66
5.7　滨江沉积物调查……67
5.7.1　采样设备与材料……67
5.7.2　采样点布设……67
5.7.3　采样频次……67
5.7.4　样品采集与保存……67
5.7.5　样品制备……68
5.7.6　项目分析与方法……68
第6章　沿岸地区经济社会调查规程……69
6.1　引言……69
6.2　规范性引用文件……69
6.3　调查总则……70
6.3.1　调查目的……70
6.3.2　调查范围……70
6.3.3　调查基本内容……70
6.4　经济社会基本情况调查……70
6.4.1　历史沿革与沿岸开发历史过程……70
6.4.2　经济发展与社会服务基本情况……71
6.4.3　基础设施及交通发展状况……71
6.4.4　经济社会发展管控区调查……72
6.5　人口与城镇调查……72
6.5.1　人口情况调查……72
6.5.2　城镇发展与分布情况……73
6.5.3　生活岸线需求调查……74
6.5.4　城镇取水口与排污口调查……76
6.6　产业发展与空间布局调查……77
6.6.1　产业结构调查……77
6.6.2　工业园区调查……80
6.6.3　重点行业与企业调查……80
6.7　综合调研考察与岸线利用需求调查……81
6.7.1　沿岸地区综合座谈调查……81

6.7.2 岸线利用需求调查 …… 82
6.8 数据处理与资料整编 …… 83
6.8.1 原始资料整理 …… 83
6.8.2 成果资料整理 …… 83
6.9 报告编写内容与格式 …… 84
第7章 数据整编与数据库建设技术规程 …… 85
7.1 引言 …… 85
7.1.1 数据整编与数据库建设目标 …… 85
7.1.2 数据整编与数据库建设意义 …… 85
7.1.3 数据整编与数据库建设内容 …… 85
7.1.4 拟解决的关键问题 …… 86
7.2 规范性引用文件 …… 86
7.2.1 相关文档 …… 86
7.2.2 相关标准和规范 …… 87
7.3 数据整编总则 …… 87
7.3.1 整编任务与内容 …… 87
7.3.2 数据分类与编码 …… 87
7.4 岸线资源数据加工处理技术规范 …… 88
7.4.1 投影转换 …… 89
7.4.2 属性结构调整 …… 89
7.4.3 长江岸线资源要素对象化处理 …… 89
7.4.4 栅格数据处理 …… 90
7.5 岸线资源数据库结构 …… 90
7.5.1 数据库总体结构 …… 90
7.5.2 数据库空间参考 …… 91
7.5.3 数据库概念设计 …… 92
7.5.4 数据库逻辑设计 …… 95
7.5.5 数据库物理设计 …… 97
7.6 岸线资源数据集整编 …… 98
7.6.1 数据库设计 …… 98
7.6.2 成果数据入库检查 …… 99
7.6.3 成果数据对象化预处理 …… 99
7.6.4 数据入库和建库处理 …… 100

7.6.5　数据库管理与分析系统设计开发 …… 100
7.6.6　系统集成测试 …… 100
参考文献 …… 101

第1章　岸线资源本底（陆域）调查规程

1.1　引　　言

岸线资源是指占用一定范围水域和陆域空间的国土资源，是水土结合的特殊资源，分为海岸线资源、内河岸线资源等。内河岸线资源是国家重要的国土资源，自古就以其丰富的资源优势和良好的区位特征，成为人类傍水而居的主要经济活动场所。岸线资源调查是岸线资源研究、评价开发、利用与保护的基础，摸清岸线资源本底的具体情况，可为后期岸线资源相关研究与管理工作的开展奠定基础，同时为控制岸线资源保有率及推动区域社会经济的可持续发展提供依据。陆域岸线资源是水域岸线的延伸，是水域岸线资源与一般自然资源的过渡带，是受人类活动影响最直接的区域，在整个岸线资源中占据重要地位，调查陆域岸线资源可以进一步完善岸线资源评价，充分认识岸线资源特征。

自20世纪80年代中期以来，随着全球气候变化、生物多样性减少和可持续发展问题的提出，特别是湿地资源的损失、河流生物多样性的锐减以及农业非点源污染问题，陆域岸线资源研究的重要性凸显。十八届五中全会明确提出构建科学合理的自然岸线格局。岸线作为区域经济社会发展的重要载体以及区域生态环境空间格局构建的关键要素已引起国家战略层面的高度重视。十九大报告中再次强调了要加快生态文明体制改革，建设美丽中国，既要创造更多物质财富和精神财富以满足人民日益增长的美好生活需要，也要提供更多优质生态产品以满足人民日益增长的优美生态环境需要。提出加大生态系统保护力度，开展国土绿化行动，推进荒漠化、石漠化、水土流失综合治理，强化湿地保护和恢复，加强地质灾害防治。

本部分规程规定了岸线资源本底（陆域）的调查范围、调查内容以及调查方法和技术要求，并给出了相关的成果和专题图件。本规程适用于岸线资源项目的调查，也可以作为岸线资源相关研究与管理工作开展的参考基础。

1.2　规范性引用文件

下列文件中的条款通过本文件的引用而成为本文件的部分内容，凡是注日期的引用文件，仅注日期的版本适用于本文件；凡是不注日期的引用文件，其最新版本适用于本文件。

《中共中央　国务院印发〈生态文明体制改革总体方案〉》（国务院公报 2015 年第 28 号）

《中华人民共和国水法》（2016 年 7 月）

《中华人民共和国环境保护法》（自 2015 年 1 月 1 日起施行）

《中华人民共和国水污染防治法》（自 2008 年 6 月 1 日起施行）

《南京长江岸线资源综合利用总体规划（2007—2020 年）》（2009 年 7 月）

《江苏省长江水污染防治条例》（2004 年 12 月）

《长江流域防洪规划》（2008 年）

《长江中下游流域水污染防治规划》（2011—2015 年）

《国务院关于依托黄金水道推动长江经济带发展的指导意见》（国发〔2014〕39 号）

1.3　调 查 总 则

1.3.1　调查目的

通过开展系统、全面的岸线资源本底（陆域）调查，以掌握陆域岸线资源的现状和存在的问题，辨别陆域岸线资源未来发展的趋势，可为陆域岸线资源的开发利用、环境保护和相关研究工作提供依据和基本资料。

1.3.2　调查内容

岸线资源本底（陆域）调查内容主要包括：

①土地利用变化；②植被类型；③陡坡地；④地貌类型；⑤土壤类型与有机质；⑥植被覆盖度与净初级生产力（NPP）；⑦水土流失（侵蚀模数）；⑧生物多样性；⑨地震易发区；⑩崩塌泥石流滑坡区；⑪洪涝灾害频次分布。

1.3.3　资料整理与收集

数据资料的统计要保证其真实性、科学性和系统性；严格数据统计的质量管理，保证不重不漏，要做到数出有据、图出有源、文出有理。资料整理内容包括收集资料、原始调查资料、分析数据及计算资料（包括电子版）、影像资料等。调查必须充分收集和利用已有资料，尽可能全面完善陆域岸线资源的调查工作。岸线资源本底（陆域）调查收集的资料主要包括以下部分：

岸线范围遥感影像资料：

Landsat TM 30m 空间分辨率遥感影像，2m 空间分辨率的高分二号卫星影像；

地理空间数据云共享获取 ASTER GDEM 数据；

中国 1∶100 万地貌类型空间分布数据；

1∶25 万分市土壤数据、全国 1∶100 万土壤数据；

250m 的 16d 合成的 MODIS-NDVI 数据；

日气象数据（温度、降水、太阳辐射等）；

1985～2015 年土地利用数据；

国家重点生态功能保护区数据、中国生物多样性保护优先区数据、国家/省/市自然保护区数据、珍稀动植物分布数据、鸟类分布数据、全国水生生物自然保护区数据、水产种质资源保护区数据；

地震带空间分布图、中国泥石流和滑坡分布图；

1949～2000 年洪涝灾害频次分布图。

1.3.4 工作底图

Landsat TM 30m 空间分辨率遥感影像，2m 空间分辨率的高分二号卫星影像。

1.3.5 坐标系统

Krasovsky_1940_Albers 坐标系统。

1.3.6 范围界定

岸线资源本底（陆域）的调查范围是长江干流（宜宾以下）及金沙江、岷江、湘江、赣江等支流岸线资源。相关学者对研究区多期遥感解译与分析发现，人类活动（以耕地和居民点的出现为标志）主要集中在主要河流两侧 5000m 范围内，因此设置缓冲区以 5km 为上限。通过收集长江经济带岸线范围内 2015 年 Landsat TM 影像，解译获取 2015 年长江干流水域数据，以 5km 缓冲区确定长江经济带岸线研究范围。

1.4 遥感解译与调查

1.4.1 土地利用/覆盖遥感分类体系

在岸线范围土地利用/覆盖遥感解译中，采用全国遥感监测的土地利用/覆盖分类体系，具体如表 1.1 所示。

表 1.1　土地利用/覆盖分类体系

<table>
<tr><th colspan="2">一级类型</th><th colspan="2">二级类型/三级类型</th><th rowspan="2">含义</th></tr>
<tr><th>代码</th><th>名称</th><th>二级代码</th><th>二级名称/三级代码</th></tr>
<tr><td rowspan="11">1</td><td rowspan="11">耕地</td><td>—</td><td>—</td><td>指种植农作物的土地，包括熟耕地、新开荒地、休闲地、轮歇地、草田轮作地；以种植农作物为主的农果、农桑、农林用地；耕种三年以上的滩地和滩涂</td></tr>
<tr><td rowspan="5">11</td><td>水田</td><td>指有水源保证和灌溉设施，在一般年景能正常灌溉，用以种植水稻、莲藕等水生农作物的耕地，包括实行水稻和旱地作物轮种的耕地</td></tr>
<tr><td>111</td><td>山区水田</td></tr>
<tr><td>112</td><td>丘陵水田</td></tr>
<tr><td>113</td><td>平原水田</td></tr>
<tr><td>114</td><td>大于 25°坡地水田</td></tr>
<tr><td rowspan="5">12</td><td>旱地</td><td>指无灌溉水源及设施，靠天然降水生长作物的耕地；有水源和浇灌设施，在一般年景下能正常灌溉的旱作物耕地；以种菜为主的耕地，正常轮作的休闲地和轮歇地</td></tr>
<tr><td>121</td><td>山区旱地</td></tr>
<tr><td>122</td><td>丘陵旱地</td></tr>
<tr><td>123</td><td>平原旱地</td></tr>
<tr><td>124</td><td>大于 25°坡地旱地</td></tr>
<tr><td rowspan="5">2</td><td rowspan="5">林地</td><td>—</td><td>—</td><td>指生长乔木、灌木、竹类以及沿海红树林地等林业用地</td></tr>
<tr><td>21</td><td>有林地</td><td>指郁闭度>30%的天然木和人工林，包括用材林、经济林、防护林等成片林地</td></tr>
<tr><td>22</td><td>灌木林</td><td>指郁闭度>40%、高度在 2m 以下的矮林地和灌丛林地</td></tr>
<tr><td>23</td><td>疏林地</td><td>树木郁闭度大于或等于 10%及小于 20%的林地</td></tr>
<tr><td>24</td><td>其他林地</td><td>未成林造林地、迹地、苗圃及各类园地（果园、桑园、茶园、热作林园地等）</td></tr>
<tr><td rowspan="4">3</td><td rowspan="4">草地</td><td>—</td><td>—</td><td>指以生长草本植物为主，覆盖度在 5%以上的各类草地，包括以牧为主的灌丛草地和郁闭度在 10%以下的疏林草地</td></tr>
<tr><td>31</td><td>高覆盖度草地</td><td>指覆盖度>50%的天然草地、改良草地和割草地，此类草地一般水分条件较好，草被生长茂密</td></tr>
<tr><td>32</td><td>中覆盖度草地</td><td>指覆盖度在 20%～50%的天然草地和改良草地，此类草地一般水分不足，草被较稀疏</td></tr>
<tr><td>33</td><td>低覆盖度草地</td><td>指覆盖度在 5%～20%的天然草地，此类草地水分缺乏，草被稀疏，牧业利用条件差</td></tr>
<tr><td rowspan="3">4</td><td rowspan="3">水域</td><td>—</td><td>—</td><td>指天然陆地水域和水利设施用地</td></tr>
<tr><td>41</td><td>河渠</td><td>指天然形成或人工开挖的河流及主干渠常年水位以下的土地，人工渠包括堤岸</td></tr>
<tr><td>42</td><td>湖泊</td><td>指天然形成的积水区常年水位以下的土地</td></tr>
</table>

续表

一级类型		二级类型/三级类型		含义
代码	名称	二级代码	二级名称/三级代码	
4	水域	43	水库坑塘	指人工修建的蓄水区常年水位以下的土地
		44	永久性冰川雪地	指常年被冰川和积雪所覆盖的土地
		45	滩涂	指沿海大潮高潮位与低潮位之间的潮侵地带
		46	滩地	指河、湖水域平水期水位与洪水期水位之间的土地
5	城乡、工矿、居民用地	—	—	指城乡居民点及县镇以外的工矿、交通等用地
		51	城镇用地	指大、中、小城市及县镇以上建成区用地
		52	农村居民点	不设镇建制的集镇和村庄居民点用地
		53	其他建设用地	指独立于城镇以外的厂矿、大型工业区、油田、盐场、采石场等用地及交通道路、机场及特殊用地
6	未利用土地	—	—	目前还未利用的土地，包括难利用的土地
		61	沙地	指地表为沙覆盖，植被覆盖度在 5%以下的土地，包括沙漠，不包括水系中的沙滩
		62	戈壁	指地表以碎砾石为主，植被覆盖度在 5%以下的土地
		63	盐碱地	指地表盐碱聚集，植被稀少，只能生长耐盐碱植物的土地
		64	沼泽地	指地势平坦低洼，排水不畅，长期潮湿，季节性积水或常积水，表层生长湿生植物的土地
		65	裸土地	指地表土质覆盖，植被覆盖度在 5%以下的土地
		66	裸岩石砾地	指地表为岩石或石砾，其覆盖面积>5%的土地
		67	其他	指其他未利用土地，包括高寒荒漠、苔原等

1.4.2　土地利用/覆盖遥感解译

选择 TM 5、4、3 波段影像合成并对合成的影像进行假彩色合成增强处理，即对 TM 5、4、3 波段分别赋予红、绿、蓝三原色合成的假彩色图像，利用 1∶10 万地形图选择控制点进行几何校正。利用 eCognition 软件，首先对长江经济带岸线范围 TM 影像进行土地利用/覆盖的监督分类，其次在人机交互下快速提取土地利用/覆被类型、岸线空间位置等相关专题的矢量图形数据和属性数据。eCognition 所采用的面向对象的信息提取方法，充分利用了对象信息（色调、形状、纹理、层次），类间信息（与邻近对象、子对象、父对象的相关特征）。此外，利用高分二号卫星影像，目视解译提取最新一期的岸线空间分布；叠加多期遥感解译的岸线空间分布数据，获取岸线稳定性数据。

1.4.3 地质灾害影像特征与解译

本调查规程涉及的山地地质灾害解译方法主要通过色调、阴影、纹理等直接解译标志进行目视解译，根据总结的解译特征，可以较好地勾绘出研究区内几种典型山地地质灾害体的分布区域和范围。

1. 滑坡影像特征与解译

流域岸线部分位于起伏较大的山区，在此流域沿线滑坡较发育。滑坡体比周围稳定的山体低，使得遥感图像中滑坡的灰阶与稳定山体之间存在着一定的色差，尤其沿滑坡周界会有一个与滑坡平面特征相似的深色色环，这样在色调上可以很好地显示滑坡的存在。滑坡形态影像呈不对称的圈椅状、花瓣状、簸箕状或舌状等，滑坡边界明显，可明显识别滑坡后壁和边界。区内多数滑坡具有多级滑动拉裂错动迹象，新老滑坡错落分布，新滑坡坡面植被覆盖相对较差，老滑坡已基本趋于稳定，植被覆盖较好，但滑坡影像特征仍十分清晰。

2. 泥石流影像特征与解译

泥石流按特征可分为标准型、山坡型、漫流型和沟谷型 4 类。泥石流是一种严重的自然灾害，它在具备各类泥石流形成条件下，可以缓慢向下流动，也可以在数秒钟内倾泻而下，其能量大、破坏强，对附近居民的安全危害极大。在高分辨率的卫星照片上泥石流的顶部呈瓢形，山坡陡峻，岩石破碎强烈，色调深浅不一，冲沟内有大量松散固体呈浅色，冲沟没有沟槽，无植被生长；流动的泥石流呈条带状扇形，轮廓不固定。泥石流发育地区常是崩塌、滑坡发育地段，影像交织错乱，色调变化大。

3. 崩塌影像特征与解译

研究区的崩塌堆积体面积较大，图形和光谱特征明显，变质岩崩塌充分且粒度较小，顺坡滚落，因此堆积体表面平整，形成与侵蚀沟地貌强烈的对比。崩塌岩石侵变程度低而呈浅色调，与周围的砾石色调区分明显。一般崩塌区地貌表现为坡面陡峭或临空，基岩裸露，岩体节理、裂隙发育，在坡脚形成堆积物。由崩塌的影像特征可看出，崩塌面为白色，且无植被覆盖，应属新成体，堆积物新鲜。

1.4.4 遥感解译过程

岸线遥感解译过程如图 1.1 所示。

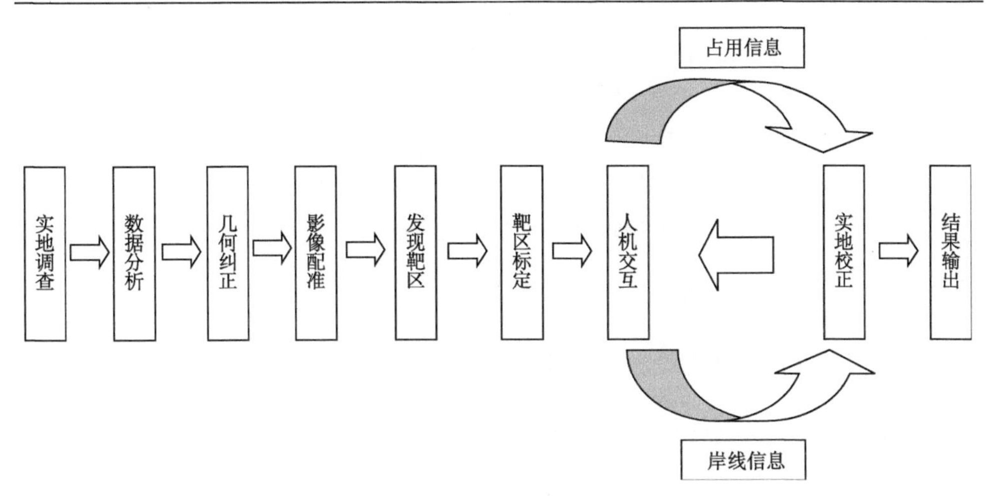

图 1.1　岸线遥感解译过程

1.5　实地调查与验证

1.5.1　遥感解译野外验证

基于多源遥感影像和收集的现有基础资料，选择干流重点岸段和重点支流，开展野外实地调查与遥感解译的验证，主要包括土地利用变化、植被类型、地质灾害、重要生态功能保护区、岸线变迁等。

1. 野外核查的目标

野外核查的目标有三个：①根据研究区自然分异、人类活动特征以及信息提取过程中遇到的问题，选择有代表性的路线修正判读过程中出现的误判，检验本次遥感判读的正确率，并对判读数据进行室内修正；②通过选择有代表性的地物类型，建立遥感影像野外标志数据库；③结合岸线调查典型案例分析，收集能反映区域土地利用变化、植被类型及岸线变迁的野外相片、录像资料，为岸线调查提供素材。

2. 野外调查路线选择原则

（1）根据研究区的地域分异、全面反映调查地区的地貌、气候、植被分异以及不同人类活动强度类型的原则。

（2）根据遥感调查采用的数据源的时相特征、技术人员判读过程中提出的意见反馈等选择地面复核的路线。

（3）可行性原则。由于野外验证受经费、人力条件等诸多因素的限制，遥感解析数据野外验证应综合考虑经济、人力条件，设计一个合理、现实的方案，保证验证工作能达到预期的目的。

（4）充分考虑现有数据基础的原则。部分地区在过去已完成大量的有关野外生态信息的采集工作，可作为野外复核的重要资料。

3. 核查点位记录信息

根据野外实际工作的特点，野外核查记录表应具有指标明确、填写和汇总容易、易于计算机处理等特点。记录表的主要内容包括土地利用/土地覆盖调查表、重点生态功能保护区调查表、植被调查表和生物多样性调查表。各个调查表的具体内容包括测点编号、量测时间、日期、所在行政区、经度、纬度、海拔、地貌类型、全景景观类型描述、野外定点类型、图上判读类型、判读正误和野外相片编号等，具体见表 1.2。

4. 核查内容

（1）选择典型地物进行判读正误校验。要求：①根据遥感调查选择的数据源、判读精度的要求，选择的典型地物至少要求在 120m×120m 以上的野外地物，即影像上 4×4 个象元（最小判读单元）；②要求按每 5～10km 选择 1 个点进行，选择的地物类型较为齐全，避免对同一种地物重复选择，以保证抽样调查的可靠性；③记录核查地物的地理位置、环境特征；④拍摄地物的景观相片，要求至少拍摄全景和本地物特征各一张，拍摄时将相机设置成在数码图像显示拍摄时间和日期。

（2）地类边界准确性核查。要求：①针对野外地物变化明显的地区选点，通过目标记录定位坐标和定位所在点各方位的地物类型，室内通过对影像、专题判读内容进行边界准确性评价；②边界选择要求有一定数量。

5. 野外作业规范

（1）GPS 定位。每到达一个测点，要求用 GPS 接收机跟踪到的卫星不少于 4 颗，且信号较强时才进行定位和数据采集，并将每个测点的经纬度准确记录下来。

（2）野外核查内容逐项判别。根据既定的野外判别标准，结合专业人员的丰富知识和经验，现场判别周围土地利用/覆盖类型、地貌类型、全景景观类型、全景景观特征、野外定点类型等具体核查内容。将野外观察到的测点的各属性填入野外调查表格，并在内业时录入，生成 Excel 电子表格。

（3）数码照片以及 DV 实地拍摄。每个测点都至少拍摄全景和典型地物相片各一张，且在相片和录像上能显示拍摄时间和日期，并对其进行编号，以方便在景观数据库中检索和使用。

表 1.2　遥感野外核查记录表

工作项目名称：

承担单位：　　　　　　　对应解译表编号：　　　　　　　本表编号：

<table>
<tr><td>调查区名称</td><td></td><td>解译类型</td><td></td></tr>
<tr><td>观察点坐标</td><td colspan="3">°　′　″E；　°　′　″N；　mH</td></tr>
<tr><td colspan="4">图斑编号：________　　图斑属性：________
与解译结果对比：□对　□错　□漏
观察点描述：</td></tr>
<tr><td colspan="4">实地照片编号：　　　　解译图斑编号：　　　　镜头指向：</td></tr>
</table>

填表人：	日期：	检查人：	日期：

1.5.2 地质灾害实地调查

根据实际情况，结合相关的历史资料和文献记载，选取特殊区段作为观测点，观测点应按调查规定编号，准确记录位置并在工作底图上标明；在实地调查过程中，对实地调查结果进行拍照、整理、存档。例如，选取地质灾害点作为实地调查的对象，依据现有的历史资料和文献记载，选取岸线范围内典型的灾害类型地貌，进行现场观测，最后结合现场调查、历史资料和遥感调查数据进行综合分析。

1）野外观测前期准备

①岸线遥感资料；②地形图、岸线地质灾害分布图等有关图集；③岸线变迁调查资料；④地方志、水利志、交通志等志书。

2）野外调查记录

①观测点应按调查规定编号，准确记录位置并在工作底图上标明；②在地质灾害典型区域应用具体符号进行标绘；③对典型岸段现象应绘制素描图或拍摄照片与摄像；④观察记录须详细，测量数据要正确；⑤各观测点应填入表 1.3 中。

表 1.3　实地调查观测点汇总表

地质灾害类型	野外编号	名称	纬度	经度	地质灾害特点

制表人____________　　　　审核者____________

3）室内分析

①观测点校核；②整理外业记录，给照片编号；③现场调查、历史资料和遥感调查数据的综合分析。

1.5.3　生物多样性野外调查

各指标数据应严格按照指标要求进行采集。对于重要区域进行野外调查验证，其中野生高等动植物、外来入侵物种的数据采集格式见表 1.4 和表 1.5。数据采集过程中，应注意以下几点：

（1）外来入侵物种不在表 1.4 的统计范围内，专门用表 1.5 进行统计。如果外来的家养动物（栽培植物）已在野外建立种群，并且没列入外来入侵物种名录，可纳入表 1.4 统计范围。

（2）表 1.4 和表 1.5 中物种中文名和学名信息以环境保护部南京环境科学研究所提供或推荐的高等动植物和外来入侵物种名录为准，如有异议，由项目技术组协调后统一口径。

（3）对于表 1.4 和表 1.5 的“物种信息”一栏的统计，如物种没有种下单位，则统计种的数量；如有种下单位，则统计种下单位的数量。

（4）对于表 1.4 的“受威胁程度”一栏，根据“极危（CR）、濒危（EN）、易危（VU）和近危（NT）”4 个等级进行填写。

（5）对于表 1.4 的“是否中国特有”一栏，如果是中国特有则填“1”，否则填“0”或不写。

（6）对于各表的分布信息，有分布填“1”，无分布则填“0”或不写。

（7）所有数据收集、整理完后，纸质版的资料需存档，电子版的资料以 Excel 表形式汇总并存档。

表 1.4　高等动植物数据采集表

<table>
<tr><th colspan="5">物种信息</th><th rowspan="2">分布信息</th></tr>
<tr><th>序号</th><th>中文名</th><th>学名</th><th>受威胁程度</th><th>是否中国特有</th></tr>
<tr><td>1</td><td></td><td></td><td></td><td></td><td></td></tr>
<tr><td>2</td><td></td><td></td><td></td><td></td><td></td></tr>
<tr><td>3</td><td></td><td></td><td></td><td></td><td></td></tr>
</table>

表 1.5　外来入侵物种数据采集表

<table>
<tr><th colspan="3">物种信息</th><th rowspan="2">分布信息</th></tr>
<tr><th>序号</th><th>中文名</th><th>学名</th></tr>
<tr><td>1</td><td></td><td></td><td></td></tr>
<tr><td>2</td><td></td><td></td><td></td></tr>
<tr><td>3</td><td></td><td></td><td></td></tr>
</table>

1.6　数据处理与资料整编

1.6.1　数据处理过程

陡坡地：通过地理空间数据云共享获取 30m 空间分辨率 ASTER GDEM 数据，利用 ArcGIS 提取坡度数据，结合土地利用数据提取陡坡地空间分布。

地貌类型：通过收集中国 1∶100 万地貌类型空间分布数据，提取长江经济带岸线范围的地貌类型数据。

土壤数据：收集各地市 1∶10 万或 1∶25 万的土壤数据，利用 ArcGIS 提取长江经济带岸线范围的土壤类型分布、土壤质地、土壤有机质等土壤属性数据；研究区内土壤数据缺失的地市，采用全国 1∶100 万土壤数据补缺。

植被覆盖度估算：基于收集的 16d 合成 250m 的 MODIS-NDVI 数据、土地利用数据和土壤数据，利用像元二分法模拟估算长江经济带岸线范围 2000 年、2005 年、2010 年和 2015 年四期植被覆盖度时空变化，具体计算公式如下：

$$f = \frac{\mathrm{NDVI} - \mathrm{NDVI}_{\mathrm{soil}}}{\mathrm{NDVI}_{\mathrm{veg}} - \mathrm{NDVI}_{\mathrm{soil}}} \tag{1.1}$$

式中，f 为植被覆盖度（%，月均值）；NDVI 为像元的植被指数；$\mathrm{NDVI}_{\mathrm{soil}}$ 和 $\mathrm{NDVI}_{\mathrm{veg}}$ 分别为像元植被指数的最小值和最大值，即像元在完全裸露和完全被植被覆盖时的植被指数，取值分别按各类土壤类型对应的 NDVI 最小值概率分布的 5%下侧分位数和各类植被类型对应的 NDVI 最大值概率分布的 95%下侧分位数对应的 NDVI 值。

净初级生产力（NPP）估算：基于 16d 合成的 250m 空间分辨率 MODIS-NDVI 数据、长江经济带范围 295 个气象站月值数据（温度、降水、太阳辐射等）、土壤数据、2000～2015 年土地利用数据，利用 CASA 模型模拟估算长江经济带岸线范围 2000 年、2005 年、2010 年和 2015 年四期 250m 空间分辨率的 NPP 时空变化。CASA 模型估算具体见式（1.2）～式（1.7）：

$$\mathrm{NPP}(x,t) = \mathrm{APAR}(x,t) \times \varepsilon(x,t) \tag{1.2}$$

$$\mathrm{APAR}(x,t) = \mathrm{FPAR}(x,t) \times \mathrm{SOL}(x,t) \times 0.5 \tag{1.3}$$

$$\varepsilon(x,t) = T_{\varepsilon 1}(x,t) \times T_{\varepsilon 2}(x,t) \times W_{\varepsilon}(x,t) \times \varepsilon^{*} \tag{1.4}$$

$$T_{\varepsilon 1}(x,t) = 0.8 + 0.02 \times T_{\mathrm{opt}}(x,t) - 0.0005 \times T_{\mathrm{opt}}(x,t) \tag{1.5}$$

$$T_{\varepsilon 2}(x,t)=\frac{\dfrac{1.1814}{1+\exp\left(0.2\times T_{\mathrm{opt}}(x)-10.0-T(x,t)\right)}}{1+\exp\left(0.3\times\left(-T_{\mathrm{opt}}(x)-10.0+T(x,t)\right)\right)} \tag{1.6}$$

$$W_{\varepsilon}(x,t)=0.5+0.5\times \mathrm{EET}(x,t)/\mathrm{PET}(x,t) \tag{1.7}$$

式中，x 为空间位置；t 为时间；APAR 为光合有效辐射；FPAR 为植被冠层对入射光合有效辐射的吸收比例；SOL 为太阳总辐射量（$\mathrm{MJ/m^2}$）；常数 0.5 为植被所能利用的太阳有效辐射（波长为 0.4～0.7μm）占太阳总辐射的比例；ε 为光能利用率；$T_{\varepsilon 1}$ 和 $T_{\varepsilon 2}$ 分别为温度胁迫系数，$T_{\varepsilon 1}$ 表示在低温和高温时植物内在的生化作用对光合作用的胁迫影响，$T_{\varepsilon 2}$ 表示环境温度从最适宜温度 $T_{\mathrm{opt}}(x)$ 向高温和低温变化时植物的光能转化率逐渐变小的趋势；ε^{*} 为理想条件下的最大光能利用率（默认值为 0.389g 碳/MJ）；W_{ε} 为水分胁迫系数，反映植物所能利用的有效水分条件对光能转化利用率的影响；EET 和 PET 分别为潜在蒸散和实际蒸散。

土壤侵蚀估算：基于 250m 的 MODIS-NDVI 月值数据、月值降水量、土壤数据（类型、质地、有机质）和土地利用数据，利用美国农业部的水土流失通用方程 RUSLE，估算长江经济带岸线范围内 2000 年、2005 年、2010 年和 2015 年四期土壤侵蚀时空变化。主要计算方程见式（1.8）：

$$A=R\times K\times LS\times C\times P \tag{1.8}$$

式中，A 为土壤侵蚀量[t/（$\mathrm{hm^2 \cdot a}$）]；R 为降雨侵蚀力[$\mathrm{MJ \cdot mm}$/（$\mathrm{hm^2 \cdot h \cdot a}$）]；$K$ 为土壤可蚀性因子[（$\mathrm{t \cdot hm^2 \cdot h}$）/（$\mathrm{hm^2 \cdot MJ \cdot mm}$）]；$LS$ 为坡长、坡度因子，无量纲；C 为地表植被覆盖度与管理因子，无量纲；P 为水土保持措施因子，无量纲。

降雨侵蚀力 R 值：采用 FAO 修正的 Fournier 指数估算，兼顾年降水总量和降水的月际分布，具体计算见式（1.9）：

$$R=\sum_{i=1}^{12}(-1.5527+0.1792P_i) \tag{1.9}$$

式中，R 为降雨侵蚀力；i 为月份；P_i 为月降水量。

土壤可蚀性因子 K：表征土壤性质对侵蚀敏感程度的指标，不同的土壤类型 K 值大小不同，其估算方法很多，应用较为广泛是 Wischemeier 等提出的诺谟图法和 Williams 等提出的 EPIC 土壤可蚀性计算模型。本研究采用 Williams 等提出的 EPIC 模型，计算土壤可蚀性因子，主要与土壤的砂粒、粉粒、黏粒以及有机质含量有关。其计算公式见式（1.10）：

$$K = 0.1317\left\{0.2 + 0.3\times\exp\left[-0.0256\times\mathrm{SAN}\left(1-\frac{\mathrm{SIL}}{100}\right)\right]\right\}\times\left(\frac{\mathrm{SIL}}{\mathrm{CLA}-\mathrm{SIL}}\right)^{0.3}$$
$$\times\left[1-\frac{0.25\times\mathrm{SOM}}{\mathrm{SOM}+\exp(3.72-2.95\times\mathrm{SOM})}\right]\left[1-\frac{0.7\times\mathrm{SN1}}{\mathrm{SN1}+\exp(-5.51+22.9\times\mathrm{SN1})}\right] \tag{1.10}$$

式中，SAN、SIL、CLA 和 SOM 分别为砂粒（0.05～2.0mm）、粉粒（0.002～0.05mm）、黏粒（<0.002mm）和有机质含量（%）；SN1=1–SAN/100。

LS 值的估算：利用 DEM 数据，采用 Wischemeier 提出的坡长、坡度因子估算 L、S 值，计算公式见式（1.11）～式（1.14）：

$$L = (\gamma / 22.3)^m \tag{1.11}$$

$$m = \beta(1+\beta) \tag{1.12}$$

$$\beta = \left(\sin\frac{\theta}{0.0896}\right) / \left[3.0\times(\sin\theta)^{0.8} + 0.56\right] \tag{1.13}$$

$$S = 65.41\times\sin^2\theta + 4.56\times\sin\theta + 0.065 \tag{1.14}$$

式中，L 和 S 分别为坡长因子和坡度因子；γ为栅格单元水平投影长度（m）；m 为坡长指数；β为细沟侵蚀和细沟间侵蚀的比率；θ为 DEM 提取的坡度。

植被覆盖度与管理因子 C：主要与土地利用类型和覆盖度密切相关，计算公式见式（1.15）和式（1.16）：

$$C = \begin{cases} 1 \\ 0.6508 - 0.3436\times\log f \\ 0 \end{cases} \tag{1.15}$$

$$f = \frac{\mathrm{NDVI} - \mathrm{NDVI_{soil}}}{\mathrm{NDVI_{veg}} - \mathrm{NDVI_{soil}}} \tag{1.16}$$

式中，C 为植被覆盖度与管理因子；f 为植被覆盖度（%，月均值）；NDVI 为像元的植被指数；$\mathrm{NDVI_{soil}}$ 和 $\mathrm{NDVI_{veg}}$ 分别为像元植被指数的最小值和最大值，即像元在完全裸露和完全被植被覆盖时的植被指数，取值分别按各类土壤类型对应的 NDVI 最小值概率分布的 5%下侧分位数和各类植被类型对应的 NDVI 最大值概率分布的 95%下侧分位数对应的 NDVI 值。

水土保持措施因子 P：指采取水保措施之后，土壤流失量相对于顺坡种植时土壤流失量的比例；其值位于 0～1 之间，0 值代表不会发生土壤侵蚀的地区，1 值代表没有采取任何水保措施的地区。本研究综合已有研究，根据不同土地利用类型分别设定为林地（1.0）、灌木丛（1.0）、草地（1.0）、水田（0.15）、旱地（0.4）、水域和城镇（0.0）、未利用地（1.0）。

洪涝灾害：通过收集 1949～2000 年洪涝灾害频次分布图，利用 ArcGIS 矢量化提取长江经济带岸线范围洪涝灾害频次分布数据。

生物多样性评价：首先，确定调查与评价内容，包括野生高等动物丰富度、野生维管束植物丰富度、物种特有性、外来物种入侵度等，这些指标的数据主要来自现有文献资料，但如有实地调查数据，则优先使用。主要的文献资料包括地方性动植物志和植被志书、《中国植物志》、《中国动物志》、馆藏标本数据、自然保护区科学考察报告以及其他正式发表的论文、专著、内部交流材料等。其次，通过相关单位调研，收集国家重点生态功能保护区、中国生物多样性保护优先区、国家/省/市自然保护区、珍稀动植物分布数据、鸟类分布数据、全国水生生物自然保护区、水产种质资源保护区等空间分布数据与历史资料。最后，结合野外调查验证，利用 GIS 进行生物多样性保护区等级划分，具体工作技术路线如图 1.2 所示。

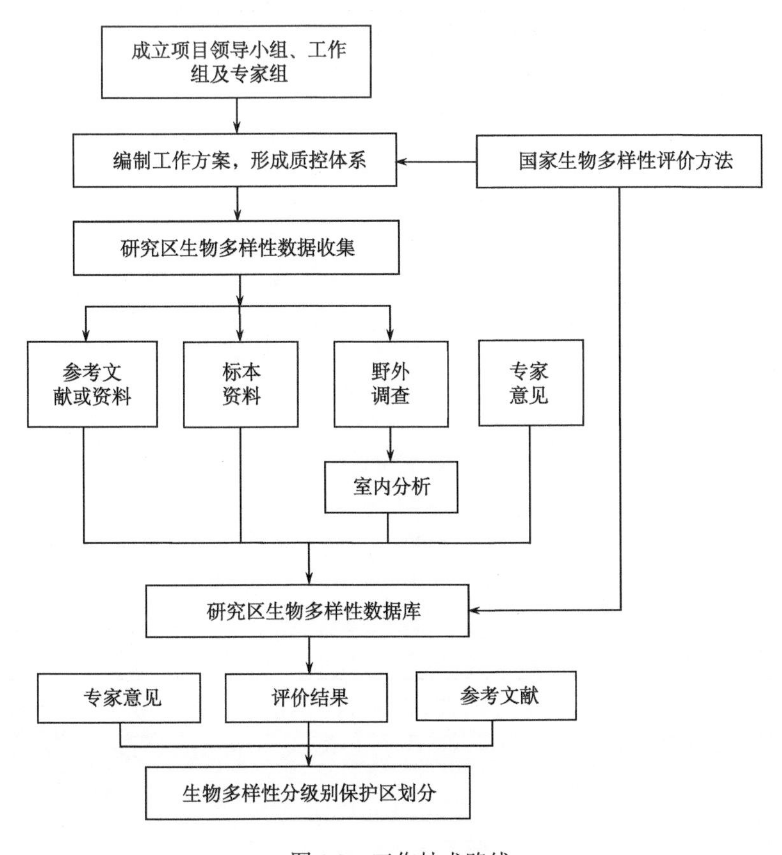

图 1.2　工作技术路线

1.6.2 资料整编

1. 原始资料整理

原始资料整理，即将原始调查、现场记录、野外观测等原始记录资料进行装订，形成规范性的原始资料档案；并对原始的电子资料进行整理标识。

2. 原始资料整理内容

原始资料包括调查实施计划、调查报告、各种现场记录、观测记录等记录表，图像或图片及文字说明、数据磁盘等。

3. 原始资料整理方法

（1）原始资料保留原始介质形式和记录格式。

（2）纸质资料加装统一格式的封面，封面格式见表 1.6；电子载体资料在载体上加统一格式的标识，标识格式见表 1.7。

（3）编制原始资料清单目录。

表 1.6 纸质资料封面格式

密级：
项目名称：
项目编号：
资料名称：××岸线本底调查记录表
调查单位：
调查内容：
调查时间：
调查区域：
负责人：

表 1.7　电子载体标识格式

<table><tr><td>密级：

项目名称：
项目编号：
资料名称：
调查时间：
调查单位：
资料汇交单位</td></tr></table>

4. 成果资料整编

成果资料整编是将由原始数据经过分析处理得到的数据和遥感调查数据整理成相对应的电子文件，并形成相关专题图件：

（1）30m 土地利用数据库（1985～2015 年）。

（2）植被类型空间分布数据。

（3）30m 空间分辨率 DEM、坡度、陡坡地空间分布数据。

（4）岸线地貌类型空间分布数据。

（5）岸线土壤数据（类型、质地、有机质）。

（6）2000～2015 年，250m 的植被覆盖度空间分布数据。

（7）2000～2015 年，250m 的净初级生产力空间分布数据。

（8）250m 土壤侵蚀空间分布。

（9）生物多样性等级分区。

（10）地震易发区空间分布。

（11）地质灾害（崩塌、泥石流、滑坡）空间分布。

（12）洪涝灾害空间分布。

1.7　报告编写内容与格式

岸线资源本底（陆域）调查报告编写主要内容包括：

前言（包括任务来源、调查实施单位、调查时间、方法、程序、工作量、主要成果等简要说明）

第 1 章　自然地理概况
第 2 章　岸线资源本底（陆域）调查方法
第 3 章　岸线资源本底（陆域）评价
第 4 章　岸线变迁特征与评价
结论与建议
参考文献
附件

第2章　岸线资源本底（水域）调查规程

2.1　引　　言

水域是岸线最基本的要素，河道形态、河流水情对航运、水资源利用、水环境、水生态产生重要影响。本部分规程规定了岸线资源本底（水域）调查的内容、技术要求和方法，指出提交成果的类别和质量，适用于长江干支流岸线资源调查，也可以作为其他河流岸线调查工作的参考。

2.2　规范性引用文件

《全球定位系统（GPS）测量规范》（GB/T 18314—2009）
《国家基本比例尺地形图更新规范》（GB/T 14268—2008）
《基础地理信息要素分类与代码》（GB/T 13923—2006）
《数字测绘成果质量要求》（GB/T 17941—2008）
《国家三、四等水准测量规范》（GB/T 12898—2009）
《海道测量规范》（GB 12327—1998）
《河道整治设计规范》（GB 50707—2011）
《水道观测规范》（SL 257—2017）
《河道演变勘测调查规范》（SL 383—2007）
《水文普通测量规范》（SL 58—2014）

2.3　调 查 总 则

2.3.1　调查目的

三峡水库及上游梯级水库的建成使用致使长江干流河道（特别是中下游）发生趋势性变化，开展河道地貌形态、水情调查，以掌握长江干流水域的现状与变化趋势，为岸线保护利用提供依据。

2.3.2　调查范围

长江宜宾—大通干流河段（不包含三峡库区段）及分流或汇流河道口门河段。其中，人工堤岸控制河段以达到设计洪水位时的岸线为界，其他河段以施测时的水边线为界。

2.3.3　调查内容

主要调查内容包括：

（1）河道水、沙情。

（2）河道堤岸与圩区。

（3）河道地貌形态。

（4）河势稳定性。

2.3.4　资料收集

（1）水文观测数据（水位、流量、含沙量、输沙量），河道地形图或航道图，岸线图，河道断面测量数据。

（2）流域水资源开发规划、防洪工程体系、河道防洪标准与防洪规划、防洪调度措施及河道或航道整治规划。

（3）河道演变分析资料与河道演变调查分析报告。

2.3.5　测量仪器设备

定位测量采用全球定位系统（GPS）或含实时动态测量技术（RTK）的全球定位系统（GPS），河道水深测量采用超声波回声测深仪或浅层剖面仪。

2.3.6　工作底图

以本区最新 1∶100 000 地形图为工作底图。

2.3.7　坐标系统

（1）平面坐标系采用 1954 北京坐标系或 1984 世界大地（WGS-84）坐标系。

（2）高程系采用 1985 国家高程基准。

（3）投影采用高斯-克吕格 6°带投影。

2.4　资料调查与处理

2.4.1　河床地质地貌

搜集相关研究专著与调查报告等文献，获取河床覆盖层特性、物质组成、河道主要地貌类型及其变化规律。

2.4.2　河道基本情况

河道基本情况调查应包括下列内容：

（1）河道两岸水工程，包括港口、码头、桥隧、涵闸、水库、河道或航道整治工程等。

（2）防洪与堤防，获取堤防名称、位置、堤长、堤防级别、设计水位、保护范围、分蓄洪区布局、护岸工程。

（3）河道类型、河道控制节点等基本特性。

（4）河道采砂、取土等人类活动。

2.4.3　水文特征

根据水文测站水位、流量观测数据，计算确定各河段水文特征，应包括下列内容：

（1）径流组成、分汇流情况。

（2）水位特征值和丰、平、枯典型年水位过程线。

（3）流量特征值和丰、平、枯典型年流量过程线。

（4）洪、枯水情。

2.4.4　泥沙特征

根据水文测站泥沙观测数据，计算确定各河段泥沙特征，应包括下列内容：

（1）河段泥沙来源、组成。

（2）含沙量、输沙量、中值粒径的特征值。

2.4.5　河道水情变化分析

针对气候变化与大型水利工程的影响，进行河道水情变化评估，应包括下列内容：

（1）水位、流量的多年变化分析。主要分析水情的趋势性、周期性变化，趋势性分析可采用曼-肯德尔（Mann-Kendall）趋势检验法，周期性分析可采用傅里叶变换或小波分析方法。

（2）水位-流量关系变化分析。对于测站控制良好、各级水位流量关系都保持稳定的测站可采用单一曲线法定线，拟合模型宜用指数方程或多项式方程；对于受变动回水影响且断面基本稳定的测站可采用落差指数法定线；对于受洪水涨落影响的测站可采用校正因数法定线。

指数方程：$$Q = CZ_e^n \tag{2.1}$$

多项式方程：$$Q = a_0 + a_1 Z_e + a_2 Z_e^2 + \cdots + a_m Z_e^m \tag{2.2}$$

落差指数法：$$Q_1 / \left(\Delta Z_1^{\beta}\right) = Q_2 / \left(\Delta Z_2^{\beta}\right) \tag{2.3}$$

校正因数法：$$Q_m / Q_c = \sqrt{1 + \left(1 / us_c\right)\left(\Delta z / \Delta t\right)} \tag{2.4}$$

式中，Q 为流量；Z_e 为水位与一常数之差；Q_1、Q_2 为同水位不同落差的流量；ΔZ_1、ΔZ_2 为与 Q_1、Q_2 相应的落差；Q_m 为受洪水涨落影响的流量；Q_c 为与 Q_m 同水位的稳定流量；u 为洪水传播速度；s_c 为稳定流时的比降；Δz 为 Δt 时间内水位增量。

（3）水库消落期调度、汛期调度、蓄水期调度对下游河道水情的影响分析，水库运行后洪水、枯水特征变化分析。

（4）分汇流变化分析，包括分流量、分流比变化。

（5）水文特征值的频率变化分析，理论频率曲线的线型可采用皮尔逊Ⅲ型曲线。

2.4.6 河道冲淤变化分析

针对流域大型水利工程对干流河道的影响，基于泥沙观测资料与河道地形断面测量资料，开展河道地貌形态变化评估，应包括下列内容：

（1）分析大型水利工程对含沙量、输沙量的影响与沿程变化。

（2）运用沙量平衡法或地形法计算河段不同时期的泥沙冲淤量及其时空分布特征。

2.5 河道断面调查

2.5.1 调查基本技术方法

综合利用历史资料收集和野外调查测量等方法，基于修测、补测和新测等手段，获取干流河道典型断面测量信息。对于无历史资料的河段，采用测绘特征断面和散点测量方法，测绘干流水下地形获取干流河道水深特征结构；对于已有断面测量资料但资料年代较久的河段，采用局部复测方法，修测原有断面。测量中应用全球定位仪定位、超声波回声测深仪等技术方法获取断面水深的特征点（特征断面）三维信息，构建干流河道水下三维地形空间数据集。原则上对反映干流重要资源环境特征的河段实现精度高于 1∶1 万比例的完整断面信息覆盖。

2.5.2　水深测量断面布设

（1）测深断面布设间距一般为 3～5km。

（2）断面选择应反映河道形态的显著变化，包括支流入口、分汊口门、急弯险段，同时兼顾码头、桥隧等沿河工程设施。

（3）测深线方向应垂直于主流流向，测点间距 60～100m，陡岸边测点应加密，测点必须包含深泓及转折部位。

（4）水深测量的点位中误差小于图上±0.75mm，高程中误差小于±0.3m。

2.5.3　水位观测

（1）当测区已有水尺时，可以利用其水位资料，但所用基面应考证清楚。

（2）当测区无水尺时，水位观测宜用水准仪或水准精度与其相当的仪器进行高程接测，水尺设立数量依河道水文变化率而定。

（3）水位观测误差应小于 2cm。

2.5.4　水上测量

（1） GPS 作业过程中，有效观测卫星数应不少于 4 颗。点位几何图形因子（PDOP）值应不大于 10。

（2） GPS 船台天线位置与测深点位置应在同一铅垂线上，最大偏离值小于 0.2m。

（3）回声测深仪施测前应进行转速检查、零线校正、振荡器安装位置是否垂直妥当、停泊比测校正等检校工作。

（4）应对测轮进行动吃水深测定，并改正水深。实测时，测轮航行速度应与动吃水深测定时的速度保持一致。

（5）回声仪换能器应选择安装在避免和减少测船航行产生气泡干扰的部位。

（6）测深时因风浪引起测船颠簸，造成回波线起伏变化达 0.3m 时，应停止测深作业。

（7）水下测点平面定位与水深定点应严格同步；水深数据由计算机控制自动采集时，也应与平面定位严格同步，且水深误码率应不大于 2%，错误的水深数据应进行改正。

（8）遇到下述情况应进行补测：

测深线或测点分布遗漏水下转折部位，不能正确反映河道地貌；测深仪零信号不正常，无法量取水深；测深点次与定位点次不符，无法判定；测深线或测点间距大于规定值 50%。

2.5.5 岸滩测量

对于施测期间高于水面的河滩地采用下列方法处理：

（1）地形图上有高程测点的以地形图数据补充；

（2）地形图上无高程测点的需进行地形测量，具体要求参见 GB/T 14268－2008。

2.6 河势稳定性调查

基于历史文献资料、河道地形资料、断面测量数据、遥感解译成果、相关规划文件、河道演变分析资料及河道演变调查分析报告，辅以必要的实地勘察，进行河势稳定性调查分析。

2.6.1 定义

（1）河势是指在一定的来水来沙条件、河道边界条件、侵蚀基准面条件等因素相互作用下，构成一定的水流运动、河道平面形态及两者相对关系的综合态势。

（2）主流线是指河道沿程各断面最大垂线平均流速所在点的连线。深泓线是指河道沿程各断面最大水深点的连线，一般以深泓线代替主流线。

（3）河势发生异常变化是指河道主流线走向发生较大变化，河岸发生崩岸、滑坡、裁弯，洲滩冲淤剧烈或河道发生主支河易位等变化。

2.6.2 河道历史演变

分析河道历史演变，为河道演变分析提供参考依据，应包括区域构造背景、河流阶地、古河道、河道决口改道等情况。

2.6.3 河道横向变化

（1）根据实测地形资料确定河道主流线。

（2）分析河道主流线摆动情况及其变化特点，包括年内、年际变化。

（3）分析河道主流线变化对洲滩变化、岸线和堤防稳定可能产生的影响。

（4）统计分析河段典型横断面特征变化。

2.6.4　河道纵向变化

河道纵向变化，主要分析河段深泓纵剖面的年际、年内变化特点。

2.6.5　洲滩、深槽、汊道、弯道变化

（1）河段内深槽的位置、长度、宽度、面积、最低点高程信息及年际、年内变化特点。

（2）河段内边滩、江心洲（含潜洲）、岛屿或沙洲等的位置、长度、宽度、面积、洲顶高程信息及年际、年内变化特点。

（3）河段内分汊形态、主支汊演变、分流分沙变化特点。

采用分汊系数作为标志河道分汊程度及形态特征的指标：

$$\text{分汊系数}=\frac{\text{分汊河段各汊道的总长度}}{\text{分汊河段直线长度}}$$

（4）河段弯道平面形态和水力泥沙特性等特征年际、年内变化特点。

采用弯曲系数作为标志河道弯曲程度及形态特征的指标：

$$\text{弯曲系数}=\frac{\text{河段实际长度}}{\text{河段直线长度}}$$

2.6.6　近岸河床演变

近岸河床演变调查包括下列内容：

（1）崩岸发生时间、位置、大小、范围、崩塌速度、崩塌类型及发展过程。

（2）水流顶冲点位置变化、冲淤部位岸线变化。

（3）近岸河床地形、岸坡坡比，以及冲刷坑位置、大小、面积、最深点等。

（4）险工护岸工程的建设时间、变动情况、位置、类型、长度，以及近岸河床组成、植被覆盖情况等。

2.7　数据处理与资料整编

2.7.1　资料整理

1）数据检查

①对收集的水文资料应进行可靠性检查，并应对其统计方法和精度、误差等

进行合理性检查；②检查定位数据和测深数据的异常值，予以修正或剔除。

2）测量水深、高程转换

①对测深数据进行吃水订正；②通过河道水位观测数据进行测量水深、河底高程转换，如有一日有两个以上水位观测数据，或设立了两个以上的水位观测站点，则水位值应根据测点、测时进行空间和时间插值计算。

2.7.2　资料汇交

1）测量数据记录

数据记录以电子文件汇交，采用文本文件格式，包括以下文件：河道水文调查数据、测深仪比测记录、河道断面测深记录、滩地地形测量记录。

2）图件成果

包括河道地形图、典型河段断面图、河道水位、流量特征曲线及其他分析图表等。

（1）矢量数据须通过拓扑规则检测，成果采用 ESRI 公司的 E00 格式。

（2）格网数据成果采用 ESRI 公司的 Grid 格式。

（3）上述图件的元数据说明文件，包括断面名称、制图数据的采集（时间、地点、使用设备）的情况、数据精度、制图软件、制图人、时间等基本情况，元数据文件采用文本文件格式。

2.8　报告编写内容与格式

前言（包括任务来源、实施单位、评价过程以及合作单位等简要说明）

第 1 章　河道概况

第 2 章　调查方法

第 3 章　资料采集与整理

第 4 章　岸线资源本底（水域）调查成果

　　第 1 节　河道水、沙情变化分析

　　第 2 节　河道演变分析

　　第 3 节　河势稳定性分析

第 5 章　结论与建议

参考文献

附件

第3章　岸线利用现状调查规程

3.1　引　　言

岸线作为一种由水资源和土地资源共同组成的综合型资源，是港口、产业、城镇等建设布局的重要载体，受水陆自然环境和人类社会影响深刻。作为一种不可再生资源，岸线资源是港口工业开发的重要依托，价值远高于一般土地资源，对其合理开发利用显得十分重要。伴随河流沿岸地区快速的城市化、工业化进程，岸线开发利用功能和强度均发生了较大变化，在支撑起沿线地区社会经济发展的同时，岸线利用率和利用强度明显提高，优质岸线资源的稀缺性尤为突出，在岸线资源保护-开发方面也日益呈现出一系列问题——港口工业占用不合理、大中城市岸段开发强度过大、排污与取水口布局混乱、局部岸段污染严重、生态安全受到威胁、游憩和自然保护岸段遭侵占严重等。这些岸线开发利用存在的问题，制约了岸线的长期可持续利用。全面系统了解流域岸线的利用现状，能为岸线资源合理利用、岸线生态环境保护和岸线发展规划提供数据支撑。

3.2　规范性引用文件

《中华人民共和国行政区划代码》（GB/T 2260—2016）
《摄影测量与遥感术语》（GB/T 14950—2009）
《基础地理信息要素分类与代码》（GB/T 13923—2006）
《卫星遥感图像产品质量控制规范》（DZ/T 0143—1994）
《全球定位系统（GPS）测量规范》（GB 18314—2009）
《国民经济行业分类》（GB/T 4754—2017）
《土地利用现状分类》（GB/T 21010—2017）

3.3　调 查 总 则

3.3.1　调查目的

本章规程规定了岸线利用现状调查的内容、技术要求和方法、提交的成果类别和质量。旨在对各种岸线利用类型的空间分布和占用长度进行完整调查，摸清岸线资源利用现状，了解各岸线资源利用类型的动态变化规律，并逐步实现对岸线资源利用全面、科学的分析评价，为岸线资源管理、开发、保护等提供及时和准确的基础资料和决策依据。

3.3.2 调查内容

岸线利用现状调查的主要项目为岸线开发利用现状类型，包括对各岸段岸线利用现状分布的勘测和对岸线利用类型空间结构特征的分析。具体工作为利用多源卫星遥感影像、地形图、土地利用图等资料，结合野外调查，提取岸线利用信息，对数据进行整理分析和资料编写。重点调查以下岸线利用类型，在此基础上，进一步对各类岸线已利用和未利用的情况进行统计。

（1）港口设施：调查码头设施建设时间、性质（公用码头、企业码头）、岸线利用长度、港口吞吐规模与能力、港口陆域纵深等。

（2）工业设施：调查占用岸线的工业企业性质（如石化、钢铁、电力、造船、其他临港工业）、建设时间、企业效益、占用岸线长度、企业物流需求等。

（3）城镇设施：调查城镇已开发利用岸线的长度、岸线利用方向（公园、绿地、湿地、旅游商业等）、城镇人口数量及人口性质（城镇、农村）；城镇防洪标准、堤防工程建设规模、建设时间等。

（4）过江通道设施：调查过江桥梁、隧道、管道、过江线缆、轮渡等设施点位、建设时间等。

（5）水工设施：调查水利枢纽、泵站、水闸等的位置、建设时间等。

（6）取水口：位置、性质（城镇生活、工业、农业取水口）、建设时间、取水量等。

（7）排污口：位置、性质（工业企业、居民生活、污水处理厂、市政排水口）、建设时间、排污能力、年均排污量等。

3.3.3 资料收集

（1）岸线高分辨率遥感资料。

（2）岸线变迁调查资料以及河道整治资料。

（3）岸线开发利用规划有关资料。

（4）沿岸生态保护规划有关资料。

（5）沿岸工程建设项目有关资料。

（6）沿岸城镇社会经济发展有关资料。

（7）沿岸地方志、水利志、交通志等。

（8）以往岸线利用调查有关资料。

（9）沿岸城镇各类规划资料，包括城镇总体规划、交通规划、水利规划、港口规划、航道规划等。

3.3.4　测量仪器设备

定位测量采用全球定位系统（GPS）或含有实时动态测量技术（RTK）的全球定位系统，GPS 核准精度应小于 10m。对无法直接到达的重点岸段可采用带有全球定位系统和摄影功能的无人机获取资料。

3.3.5　工作底图

根据研究区范围大小，一般应以 10m 以上精度的高分遥感影像为工作底图。

3.3.6　坐标系统

（1）坐标系：1984 世界大地（WGS-84）坐标系。

（2）投影：高斯-克吕格投影。

3.3.7　岸线范围界定

岸线利用调查范围包括河流干支流的主江岸线、洲岛岸线等。

3.4　资料与遥感调查

3.4.1　岸线利用分类体系与标准

从水-陆协同的角度看，根据岸线是否布局有工程设施，首先可以把岸线划分成已开发利用岸线（实际占用）和未开发利用岸线（没有实际占用）两大类。对于已开发利用岸线（实际占用）而言，根据设施占用功能的不同，又可以划分成港口、工业、城镇、取水口、过江桥隧、水工设施等不同类型；对于未开发利用岸线（没有实际占用）而言，根据岸线水域、陆域功能占用情况，则可以划分成纯自然岸线、功能性保护岸线、功能性开发预留岸线等类型，进而可以结合陆域用地情况作进一步划分，具体分类见表 3.1。

表 3.1　岸线利用类型

一级类代码	一级类	二级类代码	二级类	三级类代码	三级类
1	未开发利用岸线	11	功能性保护岸线	111	分蓄洪区保护岸线
				112	河势敏感区保护岸线
				113	饮用水水源地保护岸线
				114	引排水工程保护岸线
				115	自然保护区岸线
				116	水产种质资源保护区岸线
				117	重要枢纽工程保护岸线
		12	功能性开发预留岸线	121	工业开发预留岸线
				122	港口开发预留岸线
				123	城市生活与游憩预留岸线
				124	过江通道预留岸线
				125	重要水工设施预留岸线
				126	其他开发预留岸线
		13	纯自然岸线	131	不适宜开发利用且不需保护的岸线
2	已开发利用岸线	21	工业岸线	211	采矿业企业占用岸线
				212	制造业企业占用岸线
				213	电力、热力、燃气及水生产和供应业企业占用岸线
				214	建筑业企业占用岸线
				215	仓储企业占用岸线
		22	港口岸线	221	公共码头岸线
				222	企业专用码头岸线
				223	海事码头岸线
				224	其他专用码头岸线
		23	城市生活与游憩岸线	231	公共设施占用岸线
				232	住宅占用岸线
				233	特殊设施占用岸线
				234	商服设施占用岸线
				235	交通设施占用岸线
		24	过江通道岸线	241	桥梁占用岸线
				242	隧道占用岸线
				243	管道占用岸线
				244	高压输电线占用岸线
				245	其他过江通道占用岸线

续表

一级类代码	一级类	二级类代码	二级类	三级类代码	三级类
2	已开发利用岸线	25	水工设施岸线	251	水电站岸线
				252	船闸岸线
				253	水闸岸线
				254	泵站岸线
				255	其他水工设施岸线
		26	取水口岸线	261	取水口岸线
		27	排污口岸线	271	排污口岸线
		28	其他开发利用岸线	281	上述利用类型外的开发利用岸线

3.4.2　不同利用类型遥感解译与识别技术、标准、要点

采用遥感、地理信息系统、全球定位系统三者结合的“3S”技术调查。通过遥感解译获取岸线类型、长度、分布及其相应基础地理信息数据。在遥感数据无法清晰表达地物信息的河流中上游地区，需辅以实地调查。

1. 遥感判读准备工作

1）资料准备

岸线利用类型遥感调查需准备包括调查区域行政区划图、土地利用现状图、保护区图、港口利用现状图、交通图等专题图和区域经济社会发展、资源环境保护等的文字资料与统计数据。

2）数据源选择

遥感数据在保证调查精度的基础上，根据实际情况采用特定数据源。一般应保证分辨率不小于 10m，有条件的分辨率可达到 2～5m。运量小于 5%，选取与调查时可获得最近时间的遥感影像，时间差不应超过 1 年。

3）数据源处理

对遥感数据以岸线两侧 5km 为主体进行增强处理，并根据 1∶5 万地形图几何校正，按标准生成数字影像图。为保证遥感数据解译的准确性，需对参加解译的人员进行技术培训，掌握 GIS 相关理论知识和软件操作后，方可参加解译。

4）岸线选取

岸线以一定水位下水陆交界线进行统计，其中河流中下游河道岸线以造床流量对应的水位与岸边的交线来代表；河口段岸线以多年平均高潮位与岸边的交线

来代表；上游岸线以当地防洪设计水位与岸边的交线来代表；若河流存在库区，库区岸线以移民迁移线来代表。

2. 遥感判读解译标准

（1）解译人员在学习领悟岸线利用分类体系与标准的基础上，参考获取的相关数据资料，结合 GIS 软件实现地理属性的叠加显示，分析遥感影像数据的色调、纹理、地形等特征信息，准确区分判读类型，并以线状图层形式叠加在岸线上。

（2）在勾绘利用类型线状图层时，采用对遥感影像判读之后直接勾绘为主，GPS 野外定点为辅，每段利用的现状线需按照一定规则进行编号，作为该段判读单位的唯一识别号，并按照判读单位逐一填写解译因子，生成属性数据库。

（3）若遥感影像达不到判读解译要求，应采用典型调查方法，借助现有资料和 GPS 野外定点设备进行实地调查。

3. 主要岸线利用类型遥感识别标准

主要岸线利用类型遥感识别标准见表 3.2。

表 3.2　主要岸线利用类型遥感识别标准表

岸线类型	土地利用现状类型	遥感影像地物特征	说明
工业岸线	工矿仓储用地	工业厂房设施、普通仓库设施、化工储运设施、矿山堆场、船舶修造船坞等	
港口岸线	港口码头用地	码头作业设备、码头作业区、栈桥等	港口岸线长度为港口码头栈桥及后方作业区的总长，码头公共/货主属性需通过企业名录和实地调查确定
城镇生活与游憩岸线	公共管理与公共服务用地、住宅用地、商服用地、机场用地、街巷用地、风景名胜及特殊用地等	高低错落的房屋、密集的街道、人工沿岸景观带、风景名胜区等	对于难以界定的风景名胜及特殊用途岸线占用参考实地调查确定
过江通道岸线	铁路用地、公路用地、管道运输用地	跨江桥梁、电缆、索道、隧道出入口等	隧道出入口若距离岸线较远且岸线上布局其他用地类型则按照实际利用类型处理，跨江高压输电线、索道等不实际占用岸线的只需标注过江通道点位
水工设施岸线	水工建筑用地	水坝、水闸、水电厂房等	
取水口岸线	未表示	伸入河中的取水管道、岸边的取水口等	取水口按获取的取水口点位资料在遥感图上就近判读取水口设施位置
排污口岸线	未表示	伸入河中的排污管道、岸边的排污口等	排污口隐蔽难以发现，需参考获取到的排污口资料逐一比对，并实地调查确定位置

4. 遥感判读质量控制

在遥感调查时，同段岸线内要求两名以上解译人员同时进行判读作业，对于判读中出现的不一致现象需通过协商讨论达到一致，当无法达成一致时，作为疑难岸段加入实地考察目录。判读结束后组织对该段岸线熟悉和有判读经验的专家对解译结果检查验收，纠正不合理及错误的解译。

5. 数据统计

1）岸线开发利用强度统计

将岸线按照已开发利用和未开发利用划分为两类进行长度统计。

2）岸线开发利用结构统计

将已开发利用岸线按照岸线利用分类体系中的二级利用类型分别进行长度统计。

3）重要岸线利用类型缓冲区统计

将重要水工设施、过江通道、饮用水源地、自然保护区等分别按照其划定的保护区、缓冲区进行长度统计。

4）沿岸工业统计

将沿岸的主要工业设施，特别是重化工企业，进行地理位置坐标确定和数量统计。

3.5 实地调查

3.5.1 政府部门及企业调查要点与调查表

为了解政府部门对岸线利用现状的态度及未来规划的设计思考、企业对岸线利用的需求及对相关沿岸企业岸线利用方式的合理性判断，并获取相关文本、图件等与岸线利用相关的资料，需对政府部门、企业等调研。

1）政府部门调查要点

（1）沿岸地区经济社会发展基本情况。

（2）岸线开发利用和保护基本情况。

（3）沿岸土地利用现状及规划。

（4）沿岸地区城镇发展规划。

（5）沿岸地区各类自然灾害基本情况。

（6）沿岸地区生态保护区及各级保护区基本情况。

（7）沿岸地区产业发展现状及规划。

（8）沿岸地区交通发展现状及规划。

（9）沿岸地区分蓄洪区基本情况。

（10）沿线重要水源地、取水口、排污口分布情况。

（11）沿线水工设施分布情况。

2）政府部门调查表。

政府部门调查表如表 3.3 所示。

表 3.3　政府部门调查记录表

政府部门名称		时间		地点	
课题组参与人员					
政府部门参与人员					
调研目的（内容）：					
调研经过记录：					
调研确定事项：					
调研获取材料：					

3）企业调查要点

（1）企业经营相关情况。

（2）企业岸线占用现状及发展规划。

（3）企业对岸线生态环境影响情况。

4）企业调查表

企业调查表如表 3.4 所示。

表 3.4　企业调查记录表

企业名称		时间		地点	
课题组参与人员					
企业参与人员					
调研目的（内容）：					
调研经过记录：					
调研确定事项：					
调研获取材料：					

3.5.2　重点岸段利用类型实地判别与校正

在遥感解译确定岸线利用类型的基础上，对开发较多的重点岸段和遥感图像不能清晰获取利用类型的岸段进行实地判别校正。开展勘查、调研，利用 GPS 系统对桥位、取水口、排污口等点位信息进行“精准”定位；利用无人机对关键岸段、洲岛进行航测，补充完善室内遥感解译数据。

1. 实地调查前期准备工作

在调查过程中调查人员必须充分掌握研究岸段的背景资料和现有资料，这不仅影响岸线实地测量的效率和工作量，同时也将对调查结果的综合评估有重要意义。对过往研究资料、政府和企业获取的调研数据资料研读，获取调查地区的背景资料，应注意相关资料数据的来源和获取方法，保证资料的可靠性和准确性。

实地调查重要的背景资料包括以下内容：

（1）沿岸土地开发利用、相关工业企业占用及排污口现状数据。

（2）沿岸重要生态环境保护区、重要水源地等信息。

（3）沿岸交通发展现状及规划，特别是与港口相关的利用情况。

2. 调查岸线选取

1）调查岸线选取原则

在满足岸线利用类型调查基本要求的基础上，实地调查岸线应遵循岸线可达性、岸线具有代表性、岸线选取经济性的原则。调查岸段应该是有代表性的开发利用岸线，能对一种或者多种岸线利用类型有较好的代表，能对遥感图像解译起到帮助作用。在研究区域内应广泛选取差异大、开发利用强度高、生态环境冲突较大的岸段；若调查人员不能直接到达，应选取能进行无人机等现代化航测设备所及的岸段；若遥感解译能较好地反映岸段的利用现状，且岸段代表性不强，应在兼顾技术指标和投入费用的情况下减少实地调查岸段；调查岸段位置应有针对地选择，需提前规划好调查路线，实地调查不应少于河流全长的 10%，且主要城市、工业区、生态保护区、水库库区、重要水工设施等均需前往调查。

2）调查设备

调查设备包括手持 GPS 设备、带有 GPS 定位功能和摄影功能的无人机、照相机、摄像机等。

3）空中测量

因一些岸线无法直接到达，故采用空中测量的方式。空中测量采用带有 GPS

定位功能的无人机进行，对于无人机的操作有以下要求：

（1）无人机操作应选择有经验的人员，尽量保证无人机保持匀速、沿岸线飞行，保障数据准确性和无人机设备的安全飞行。

（2）无人机测量岸段应记录各利用类型的起始点和终止点坐标，并记录工业企业点位坐标。

（3）在调查岸段空中调查的基础上，对难以判断的岸线反复在空中观测、拍摄，方便后续数据的处理。

（4）无人机数据应及时下载确认，对信号不正常、数据明显偏差、清晰度不足等情况要进行补充观测。

4）实地测量数据预处理及记录表格填写确认

实地测量数据预处理及记录表格的填写包括实地调查岸段登记表（表 3.5）、实地调查企业登记表（表 3.6）、实地调查取水口登记表（表 3.7）、实地调查排污口登记表（表 3.8）。

表 3.5 实地调查岸段登记表

<table>
<tr><td>记录表编号</td><td></td><td>记录日期</td><td></td></tr>
<tr><td>岸段所在地区</td><td></td><td>所属河流</td><td></td></tr>
<tr><td>岸段起点坐标</td><td colspan="3"></td></tr>
<tr><td>岸段终点坐标</td><td colspan="3"></td></tr>
<tr><td colspan="4">对应遥感影像信息：</td></tr>
<tr><td colspan="4">岸线利用类型（按照利用类型、起终点坐标依次填写）：</td></tr>
</table>

表 3.6　实地调查企业登记表

<table>
<tr><td>企业记录表编号</td><td></td><td rowspan="2">记录日期</td><td rowspan="2"></td></tr>
<tr><td>对应岸段记录表编号</td><td></td></tr>
<tr><td>岸段所在地区</td><td></td><td>所属河流</td><td></td></tr>
<tr><td>岸段起点坐标</td><td colspan="3"></td></tr>
<tr><td>岸段终点坐标</td><td colspan="3"></td></tr>
<tr><td colspan="4">对应遥感影像信息：</td></tr>
<tr><td>企业编号</td><td colspan="2">企业名称</td><td>企业经纬度坐标</td></tr>
<tr><td></td><td colspan="2"></td><td></td></tr>
<tr><td></td><td colspan="2"></td><td></td></tr>
<tr><td></td><td colspan="2"></td><td></td></tr>
<tr><td></td><td colspan="2"></td><td></td></tr>
<tr><td></td><td colspan="2"></td><td></td></tr>
<tr><td></td><td colspan="2"></td><td></td></tr>
<tr><td></td><td colspan="2"></td><td></td></tr>
<tr><td></td><td colspan="2"></td><td></td></tr>
<tr><td></td><td colspan="2"></td><td></td></tr>
<tr><td></td><td colspan="2"></td><td></td></tr>
<tr><td></td><td colspan="2"></td><td></td></tr>
<tr><td></td><td colspan="2"></td><td></td></tr>
<tr><td></td><td colspan="2"></td><td></td></tr>
<tr><td></td><td colspan="2"></td><td></td></tr>
<tr><td></td><td colspan="2"></td><td></td></tr>
<tr><td></td><td colspan="2"></td><td></td></tr>
<tr><td></td><td colspan="2"></td><td></td></tr>
<tr><td></td><td colspan="2"></td><td></td></tr>
<tr><td></td><td colspan="2"></td><td></td></tr>
</table>

表 3.7　实地调查取水口登记表

<table>
<tr><td>取水口记录表编号</td><td></td><td rowspan="2">记录日期</td><td rowspan="2"></td></tr>
<tr><td>对应岸段记录表编号</td><td></td></tr>
<tr><td>岸段所在地区</td><td></td><td>所属河流</td><td></td></tr>
<tr><td>岸段起点坐标</td><td colspan="3"></td></tr>
<tr><td>岸段终点坐标</td><td colspan="3"></td></tr>
<tr><td colspan="4">对应遥感影像信息：</td></tr>
</table>

取水口编号	取水口基本信息	取水口经纬度坐标

表 3.8　实地调查排污口登记表

<table>
<tr><td>排污口记录表编号</td><td></td><td rowspan="2">记录日期</td><td rowspan="2"></td></tr>
<tr><td>对应岸段记录表编号</td><td></td></tr>
<tr><td>岸段所在地区</td><td></td><td>所属河流</td><td></td></tr>
<tr><td>岸段起点坐标</td><td colspan="3"></td></tr>
<tr><td>岸段终点坐标</td><td colspan="3"></td></tr>
<tr><td colspan="4">对应遥感影像信息：</td></tr>
<tr><td>排污口编号</td><td colspan="2">排污口基本信息</td><td>排污口经纬度坐标</td></tr>
<tr><td></td><td colspan="2"></td><td></td></tr>
<tr><td></td><td colspan="2"></td><td></td></tr>
<tr><td></td><td colspan="2"></td><td></td></tr>
<tr><td></td><td colspan="2"></td><td></td></tr>
<tr><td></td><td colspan="2"></td><td></td></tr>
<tr><td></td><td colspan="2"></td><td></td></tr>
<tr><td></td><td colspan="2"></td><td></td></tr>
<tr><td></td><td colspan="2"></td><td></td></tr>
<tr><td></td><td colspan="2"></td><td></td></tr>
<tr><td></td><td colspan="2"></td><td></td></tr>
<tr><td></td><td colspan="2"></td><td></td></tr>
<tr><td></td><td colspan="2"></td><td></td></tr>
<tr><td></td><td colspan="2"></td><td></td></tr>
<tr><td></td><td colspan="2"></td><td></td></tr>
<tr><td></td><td colspan="2"></td><td></td></tr>
<tr><td></td><td colspan="2"></td><td></td></tr>
<tr><td></td><td colspan="2"></td><td></td></tr>
<tr><td></td><td colspan="2"></td><td></td></tr>
<tr><td></td><td colspan="2"></td><td></td></tr>
<tr><td></td><td colspan="2"></td><td></td></tr>
</table>

按照规范或技术设计的规定，对调查提供的全部成果进行全面检查和验收，重点了解成果是否符合规范与实地调查设计要求，原始观测值和项目是否齐全，编号是否统一，有无重号现象。一切原始的观测值和记事项目，必须现场用铅笔或钢笔记录在规定格式的记录表中。凡划改的数字和超限划去的成果，均应注明原因和重测成果所在页数。根据调查规范，整理全部表格，并逐表进行签字保存。对于有遗漏信息的表格进行完善，必要情况下进行补充调查。

3.6　资料整编与汇交

3.6.1　资料整理

1. *原始资料及整编规范化要求*

原始资料包括数据的获取、保存、分析及在此过程中的各种记录。对原始资料应进行系统、规范化的整理归档，保证后续研究及数据复核的需要。

（1）原始遥感影像数据。

（2）实地调查时现场记录数据。

（3）调研座谈的所有记录数据及获取的资料文件。

记录格式采用电子和纸质两种文档格式，卫星遥感影像采用原始记录格式，表格采用 xls 格式，文本数据采用 doc 格式，录像资料采用 mp4 格式，照片采用 jpg 格式。

2. *成果资料*

对成果资料的整编工作包括数据处理后记录图表文本等，这些数据应经过校验、审核达到项目齐全、图表完整、方法正确、资料可靠、说明完备、字迹清晰的要求。电子资料采用光盘和移动硬盘分别加密保存，并在工作服务器中建立数据库保存相应资料。具体内容如下：

（1）校正过的遥感影像图。

（2）岸线开发利用总体格局图。

（3）各种类型的岸线利用分类型开发利用格局图。

（4）各种类型的岸线保护区、缓冲区图。

（5）统计报表。

（6）调查报告。

统计报表和调查报告采用电子文档和纸质文档两种格式，如表 3.9 和表 3.10，遥感影像采用GeoTIFF格式，图形数据采用shp格式，数据集采用mdb数据框存储，统计报表采用xls格式，调查报告采用doc和pdf格式。

表3.9　岸线分类统计表

南北岸	一级岸线		二级岸线		三级岸线		总计	
	长度	利用率	长度	利用率	长度	利用率	长度	利用率
南岸								
北岸								
总计								

表3.10　岸线利用类型统计表

类型	长度/km	已利用/km	未利用/km
港口岸线			
工业岸线			
城镇生活与旅游岸线			
饮用水源岸线			
过江通道岸线			
其他			

3. 资料质量要求

原始资料为纸质报表的，录入后须经不同人员进行多次人工校对；原始资料为电子文件的按有关技术标准、规范进行质量控制；对应的资料必须附有资料质量评价报告和资料处理报告；必须建立资料整编记录。

3.6.2　资料汇编

数据记录以电子文件汇交，采用文本文件格式，包括以下文件：典型岸段开发利用影像集及登记表、分省岸线开发利用统计表（类型、长度）、野外DGPS系统定位原始记录表。

1）典型岸段开发利用影像集及登记表

岸段编号　××××

测量时间　××××

测量起点坐标　××××

测量终点坐标　××××

影像文件名称　××××

影像数据大小　××××

2）分省岸线开发利用统计表（类型、长度）

省份　××××

岸线长度　××××

已利用岸线长度　××　未利用岸线长度　××　岸线利用占比　××

港口岸线长度　××××

工业岸线长度　××××

城镇生活游憩岸线长度　××××

饮用水源岸线长度　××××

过江通道岸线长度　××××

其他开发利用岸线长度　××××

3）野外 DGPS 系统定位原始记录表

定位记录编号　××××

测量时间　××××

测量起点坐标　××××

测量终点坐标　××××

岸线利用类型　××××

3.7　报告编写内容与格式

3.7.1　文本格式

（1）文本规格：岸线利用现状调查报告的外形尺寸为 A4。

（2）封面格式：

第 1 行：××岸线

第 2 行：利用现状调查报告

第 3 行：编制单位

第 4 行：日期

第 5 行：中国××（地名）

（3）封里内容：

项目调查实施单位全称（加盖公章），项目负责人，技术总负责人，分项目负责人和主要参加人员姓名；报告书编制单位全称（加盖公章），编制人，审核人姓名，编制单位地址，通信地址，邮政编码，联系人姓名，联系电话，邮件地址等内容。

3.7.2　报告章节内容

前言（包括任务来源、实施单位、调查时间以及合作单位等简要说明）
第 1 章　自然环境描述
第 2 章　国内外调查研究现状
第 3 章　岸线开发利用的调查方法
第 4 章　岸线开发利用现状与演化
第 5 章　岸线开发利用评价
参考文献
附件

第4章　滨岸湿地生态调查规程

4.1　引　　言

湿地是潮湿或浅积水地带发育成水生生物群和水成土壤的地理综合体，在涵养水源、蓄洪防旱、降解污染、调节气候、控制土壤侵蚀、维持生态平衡、保持生物多样性等方面具有重要意义。长江是我国水量最为丰富，也是水系联通最为复杂的河流。季节性水文变化过程与复杂的地理地貌特征相互作用，从上游至入海河口形成了一系列滨江湿地与通江淡水湖泊湿地。这些湿地兼有水体和陆地的双重特征，集中体现了以湿地为主要特征的环境多样性、生物多样性和文化多样性的统一，也是长江流域众多野生动植物的物种宝库，被列为世界湿地和生物多样性保护的热点地区。长江滨江湿地保护与有效管理对维持长江生态系统平衡以及流域内自然资源可持续利用具有十分重要的意义。然而近年来，由于巨大的人口压力、经济持续高速发展以及长江岸线的过度开发，长江滨江湿地普遍面临分布面积萎缩、生态系统功能下降、生物多样性减少等诸多问题；而区域内极端气候的频繁出现与大型水利工程的建设运行进一步增加了湿地生态过程和功能演变的不确定性。滨江湿地功能退化导致的区域生态系统失衡对社会经济发展的制约将日趋明显。因此开展长江滨江湿地现状与功能调查，建立周期性生态观测与保护体系，不仅具有重要的科学意义，而且对保持长江生态系统平衡，维持生物多样性以及降低流域内生态灾害风险有着重要的现实意义。

4.2　规范性引用文件

《土壤环境监测技术规范》（HJ/T 166—2004）

《湿地监测技术规程》（DB11/T 1301—2015）

《生物多样性观测技术导则　水生维管植物》（HJ 710.12—2016）

《湿地分类》（GB/T 24708—2009）

《全国湿地资源调查技术规程（试行）》（国家林业局，2008）

《湖泊生态系统观测方法》（陈伟民等，2005）

《湿地生态系统观测方法》（吕宪国等，2005）

《陆地生态系统生物观测数据：质量保证与控制》（吴冬秀，2012）
《湖泊调查技术规程》（中国科学院南京地理与湖泊研究所，2015）

4.3 调查总则

4.3.1 调查目的

通过遥感监测与实地调查，查明长江干流与主要支流滨江湿地类型、面积、分布特征、水文状况、主要植被类型、土壤性状等，掌握滨江湿地空间分布格局与演变，明确滨江湿地植物生物量与物种多样性，评估滨江湿地对长江生物多样性维持与珍稀物种保护的功能与意义。

4.3.2 调查范围

长江干流、重要入江河口、重要支流以及大型通江淡水湖泊湿地。

4.3.3 调查季节

植物群落调查的季节应避开汛期，根据植物的生活史确定调查季节：

（1）生活史为一年的植物群落，应选择在生物量最高和（或）开花结实的时期。

（2）一年内完成多次生活史的植物群落，根据生物量最高和（或）开花结实的情况，选择最具有代表性的一个时期。

（3）多年完成一个生活史的植物群落，选择开花结实的季节。

（4）对于具有两层或两层以上层次的群落，依据主林层（反映群落总体外貌的层次）植物来确定调查季节。

4.3.4 调查内容

（1）滨江湿地空间分布调查。

（2）滨江湿地植被调查。

（3）滨江湿地土壤性状调查。

4.3.5 资料收集

项目调查必须充分收集和利用已有资料。资料收集途径包括文献调查、野外台站监测数据、保护区调查等。收集项目包括与野外调查工作相关的卫星影像、航空影像、地形图、植被类型图、行政区域图等图件资料，无论是遥感影像还是地形图，其比例尺不应小于 1∶10 万。

4.3.6　测量仪器设备

结合调查区域的实际情况和具体调查内容，准备必需的物资、设备和材料。主要设备有 GPS、数码相机、罗盘、剪刀、镰刀、不锈钢土钻、环刀、铝盒、便携式土壤速测仪、整理箱、储存箱；样方测量物品为网袋、水草定量夹、镰刀、样方框（$1m^2$）、刻度测绳、皮尺、直尺、卷尺、便携式天平（精度 0.01g）、不同大小的信封、自封袋、塑料袋、样品袋、标本夹、标签、塑料绳；记录用品包括野外调查表格、野外记录本、文件夹、铅笔、油性记号笔、橡皮、卷笔刀等；其他物资条件如交通工具、药品等。

4.3.7　工作底图

基于遥感影像、地理信息系统和全球定位系统，结合滨江湿地空间分布确定实地调查范围与对象；根据湿地面积与植被类型，明确采样点数量与位置，结合交通可达性，组织工作队伍，制定调查工作底图。

4.3.8　样本编码

为适应湿地管理标准化、信息化以及湿地调查工作的需要，每一个滨江湿地斑块应具有一个唯一的标识码，即湿地编码。湿地编码编制原则为

（1）编码第一、二位为省代码。

（2）编码第三位为湿地类型编码。

（3）编码第四位为扩充码。

（4）编码第五、六、七位为湿地区顺序码。

（5）编码第八、九位为湿地斑块样本号编码。

4.4　滨岸湿地空间分布调查

以 TM 遥感影像解译为主要手段，结合实地踏查验证与 GIS 平台，获取滨江湿地面积、分布（行政区、中心点坐标）、平均海拔、植被类型等信息。

1）遥感判读准备工作

收集调查区相关图件和资料如下：

（1）图件包括调查区地形图、土地利用现状图、植被图、湿地分布图、流域水系图等专题图；

（2）资料包括与调查区有关的文字资料和统计数据等。

2）遥感数据源的选择

遥感数据的获取应在保证调查精度的基础上，根据实际情况采用特定的数据源。一般应保证分辨率在 20m 以上，云量小于 5%，最好选择与调查时相最接近的遥感影像，其时间相差一般不应超过 2 年。

3）遥感数据源处理

对遥感数据要以湿地资源为主体进行图像增强处理，并根据 1∶5 万地形图进行几何校正。经过处理的遥感影像数据，按标准生成数字图像或影像图。

4）解译人员的培训

为了保证遥感数据解译的准确性，要对参加解译的人员进行技术培训，使其熟悉技术标准，掌握 GIS 与遥感技术的基础理论及相关软件的使用。解译人员除进行遥感判读知识培训外，还应进行专业知识的学习和野外实践培训等。

4.5　滨岸湿地植被调查

1）调查对象

包括 4 大类型的植物：被子植物、裸子植物、蕨类植物和苔藓植物。

2）生境

记录样方号、地理位置、地貌部位（坡向、坡位、坡度等）、土壤类型、水文状况（积水状况、淡水或咸水等）。

3）群落垂直结构分层

如果植物群落在垂直结构上有多个层次（如乔木层、灌木层、草本层等），则需进行分层调查，即在乔木植物群落中随机设置一个灌木层或草本层的植物样地，按上述方法记录乔木层和灌木层或草本层的群落特征。如果湿地森林、灌木或草本群落中有蕨类和苔藓植物，则调查时将蕨类和苔藓植物归到草本层中进行记录或者单独记录均可（表 4.1）。

4）物候期

对样方内主林层各种植物的物候特征进行逐一调查和记录。

5）保护级别

根据国家和地方珍稀濒危植物物种名录，对调查的植物按保护级别分类记录，如特有种（应明确特有种的范围，属于全国特有还是省级特有）、罕见种、濒危种、对环境有指示意义的指示种、外来（或外来入侵）物种等。

表 4.1　滨江湿地植物调查汇总表

<table>
<tr><td colspan="2" rowspan="2">湿地区</td><td>湿地植被</td><td></td><td rowspan="2">群系总数</td></tr>
<tr><td>面积/hm²</td><td></td></tr>
<tr><td colspan="5">植物群系列表</td></tr>
<tr><td>植被型名称</td><td>序号</td><td>群系名称</td><td>分布区</td><td>面积/hm²</td></tr>
<tr><td rowspan="4"></td><td></td><td></td><td></td><td></td></tr>
<tr><td></td><td></td><td></td><td></td></tr>
<tr><td></td><td></td><td></td><td></td></tr>
<tr><td></td><td></td><td></td><td></td></tr>
<tr><td rowspan="4"></td><td></td><td></td><td></td><td></td></tr>
<tr><td></td><td></td><td></td><td></td></tr>
<tr><td></td><td></td><td></td><td></td></tr>
<tr><td></td><td></td><td></td><td></td></tr>
<tr><td rowspan="4"></td><td></td><td></td><td></td><td></td></tr>
<tr><td></td><td></td><td></td><td></td></tr>
<tr><td></td><td></td><td></td><td></td></tr>
<tr><td></td><td></td><td></td><td></td></tr>
</table>

注：植被面积为湿地植物所覆盖的面积。

6）生产力

针对滨江湿地植物，在进行植物群落调查的同时，在样地内随机设置 3 个 0.5m×0.5m 的样方，采集全部地上生物量，装入样品袋，并做好标记（湿地片名称+群系名称+样方序号）。当天将植物体当年生部分挑出，称鲜重后及时干燥。

7）群落属性标志

种类组成：

记录样方内每一高等植物的中文学名、拉丁学名及其科名；对于复层群落，记录时要分层进行；野外不能鉴别的植物种类，要采集标本鉴定。

数量特征：

（1）乔木层和灌木层，多度、密度、高度、郁闭度、胸径、冠幅等。

（2）草本层、蕨类植物和苔藓植物，多度、密度、高度、盖度等。

4.6　滨江湿地土壤调查

滨江湿地土壤调查点位与植物样方调查一致，土壤属性指标则包括物理属性指标、化学属性指标和生物指标（表 4.2）。每个植被样方采集 1 个土壤混合样，土壤分 0～5cm、5～10cm 和 10～20cm 共 3 层土层。土壤取样利用不锈钢土钻采用五点交叉取样法采集洲滩混合土壤，样品根据《土壤环境监测技术规范》（HJ/T 166—2004）采集并保存，其中用于测定土壤微生物酶活性和土壤微生物生物量与结构的样品需要放入 4℃保鲜盒内运输至实验室进行冷藏保存，其余样品需要经过风干、磨细、过筛、混匀等预处理。

表 4.2　滨江湿地土壤调查指标

<table>
<tr><td rowspan="6" colspan="2">土壤特征指标</td><td>土壤剖面特征</td><td>剖面调查</td></tr>
<tr><td>土壤 pH</td><td>取样带回实验室利用 pH 仪加无 CO_2 水测定，参见 LY/T 1239—1999</td></tr>
<tr><td>土壤质地（选测）</td><td>取样带回实验室，利用激光粒度仪测定粒径</td></tr>
<tr><td>土壤全氮（选测）</td><td>取样带回实验室，用凯氏法测定（LY/T 1228—1999）</td></tr>
<tr><td>土壤全磷（选测）</td><td>取样带回实验室，用钼锑抗比色法测定（LY/T 1235—1999）</td></tr>
<tr><td>土壤有机碳</td><td>取样带回实验室，用重铬酸钾氧化-外加热法测定（LY/T 1237—1999）</td></tr>
<tr><td rowspan="3">土壤属性</td><td>物理指标</td><td>含水量、粒径、团粒结构、质地、容重、孔隙度、持水量、电导率</td><td>取样带回实验室，分析测定，含水量采用烘干法测定，粒径采用马尔文激光粒度仪测定，土壤质地参见 NY/T 1121.3—2006，孔隙度参见 LY/T 1215—1999，</td></tr>
<tr><td>化学指标</td><td>水解氮、有效磷、氧化还原电位</td><td>取样带回实验室，分析测定
水解氮（LY/T 1229—1999）
有效磷（LY/T 1235—1999）
氧化还原电位（HJ 746—2015）</td></tr>
<tr><td>生物指标（选测）</td><td>土壤微生物生物量碳(氮)、生物胞外酶活性</td><td>取样带回实验室，分析测定，土壤微生物生物量碳（氮）采用氯仿熏蒸法测定，生物胞外酶活性采用比色法测定</td></tr>
</table>

（1）风干：将采回的土壤样均匀平铺入木质或不锈钢制通风橱中，土层厚度不超过 1cm。肉眼用不锈钢镊子挑拣出大的石块、砾石、植物根系、残茬等。通风橱需放置在干燥通风、人为干扰较少处。风干过程中戴上聚乙烯薄手套定期翻晾土壤样品，自然风干过程及时拣去细碎动植物残体和石块。

（2）过筛：将风干后的土壤样通过全自动土壤研磨机或碾钵将土样磨碎，使之全部通过 2mm 孔径的筛子；将过筛土样混匀后通过四分法分成两份，一份作为物理分析用，一份作为化学分析用。其中，化学指标分析的土壤样需进一步研细，使之通过 1mm 孔径网筛用于 pH 和速效养分的测定；此外，利用四分法选取四分之一土壤样用玛瑙研钵全部磨碎过 0.149mm 孔径网筛用于全量养分的测定。

（3）保存：一般样品用塑料瓶保存半年或一年，以备必要时查核之用。样品瓶上标签须注明样号、采样地点、泥类名称、试验区号、深度、采样日期、筛孔等。

4.7 质量控制

1）历史和现状数据的质量保证

历史和现状数据是调查的重要内容，为了获取较高质量的历史数据，需要采取一系列措施。

（1）元数据的记录：元数据，即关于数据的数据，是记录数据相关信息的数据，在数据的收集和储存过程中均具有重要意义。在调查滨江湿地历史和现状数据时，需要重视元数据的收集，尽可能多地获取关于数据来源、途径等方面的信息，并与数据一起输入数据库，以便日后的数据校核工作。

（2）长系列历史数据的审核和校准：长系列历史数据的时间跨度较大，在数据获取方法、调查人员等方面均可能存在较大变动，数据之间的可比性降低。在收集时，最可信的数据是那些由专一机构用同样的方法获取的数据；当缺乏这类数据时，需要核实历史数据的来源和途径，分析数据之间可能存在的差异，并通过一定的方法对数据系列进行校准，以提高数据质量。

（3）冗余数据的处理：历史和现状数据来源于环保、水利、地质、气象等多个部门或单位，可能存在很多相同的数据。由于在数据获取方法、手段、目的等方面存在较大的差异，这些数据之间的一致性较差甚至可能相互矛盾，因此需要对不同来源的同种数据的质量进行分析和判别，选择质量最高的数据，删除低质量的冗余数据。

（4）异常数据的合理处理：在调查数据的过程中，要正确区分异常数据和错误数据，不能轻易删除异常数据。对可能存在的异常数据，要仔细核实数据的来源，分析产生异常的原因，确保保留正确的异常数据和删除错误的异常数据，以避免信息丢失和错误。

2）野外调查数据的质量保证

对采样、贮存运输、物种鉴定、数据处理、总结评价等环节进行全过程质量控制，确保数据的代表性、准确性、完整性和可比性，以获取高质量的野外数据。

（1）数据的代表性：数据的代表性取决于采集样品的代表性。在现场检测时，要合理地布设采样点，选择合理的采样时间和频率，使用统一的采样仪器和采样方法，采取有效的措施确保样品在运输和贮存过程中不发生变质和污染，最大限度地使采集的样品具有好的代表性。

（2）数据的准确性：对于野外不能准确定名的植物，要采集典型标本进行室内鉴定；对于所采集的标本，要请植物分类专家进行鉴定，并附定名签。

（3）数据的完整性：采样过程应严格按照制定的采样布点方案进行，确保按质量采集完所有样品，并按照规定的方法对所有样品进行分析，以确保数据的完整性，避免因样品不完整而得出片面的结论。

（4）数据的可比性：在调查的过程中，要确保同一滨江湿地的不同区域之间、不同地区的滨江湿地之间的数据均具有可比性。

第5章 滨岸水域水环境调查规程

5.1 引　言

长江是我国水量最丰富的地区，其流域面积占全国总面积的 1/5，流域人口占全国人口的 42.7%，其在饮水供应、灌溉、排污、运输、发展工业等方面发挥着重要作用。但是，随着社会经济的快速发展和城市化进程的加快，水体中的污染物质不断增加。当前长江水质处于Ⅲ类～Ⅳ类水水质，部分江段为Ⅴ类水水质。受人为活动干扰以及岸线无序利用开发，长江滨岸带水环境更不容乐观，对社会经济持续发展的制约也更为明显。因此，结合岸线利用现状与交通便利性，从三峡库区上游至入海口，选择沿线入江河口区、城市江段、自然江段、人工固化防洪江段、港口区、重要湿地以及风景名胜江段等岸线资源典型利用类型确定沿江近岸水域水环境水生态现状，掌握滨岸水环境时空变化及其关键驱动要素，对长江水资源保护与永续利用具有重要意义。

5.2 规范性引用文件

《水质　采样技术指导》（HJ 494—2009）

《水质　样品的保存和管理技术规定》（HJ 493—2009）

《水质　采样方案设计技术规定》（HJ 495—2009）

《水质　湖泊和水库采样技术指导》（GB/T 14581—1993）

《地表水和污水监测技术规范》（HJ/T 91—2002）

《水质　河流采样技术指导》（HJ/T 52—1999）

《水质　分析方法》（SL 78～94—1994）

《多泥沙河流水环境样品采集及预处理技术规程》（SL 270—2001）

《水环境监测规范》（SL 219—1998）

《水环境检测仪器与试验设备校（检）验方法》（SL 144—1995）

《地表水环境质量标准》（GB 3838—2002）

《生物多样性观测技术导则 淡水底栖大型无脊椎动物》（HJ 710.8—2014）

《淡水生物资源调查技术规范》（DB43/T 432—2009）

《水和废水监测分析方法（第四版）》（国家环境保护总局，2009）
《湖泊富营养化调查规范（第二版）》（金相灿和屠清瑛，1990）
《湖泊生态调查观测与分析》（黄祥飞，2000）
《湖泊生态系统观测方法》（陈伟民等，2005）
《淡水浮游生物研究方法》（章宗涉和黄祥飞，1991）
《湖泊调查技术规程》（中国科学院南京地理与湖泊研究所，2015）

5.3　调 查 总 则

5.3.1　调查目的

基于已有长江干流与重要支流水环境监测网络，通过历史数据分析与现场调查数据，查明滨岸带水环境水生态的季节变化特征，探明长江滨岸水环境水生态沿长江干流空间梯度变化格局，掌握不同江岸岸线利用方式对滨岸水环境水生态的影响。

5.3.2　调查范围

长江经济带滨岸重要水域，包括城市岸带、典型自然岸带、取水口、排污口、支流入江口、重要湿地等。

5.3.3　调查时期

根据长江干流的水文周期，对长江经济带滨岸水域水环境分洪水期与枯水期开展季节性调查。

5.3.4　调查原则

1. 整体原则

采用样线法、片区调查法及散点法，观测滨岸水域水质理化指标，分析枯水期与洪水期水质季节变化以及空间差异特征。

2. 一般调查与重点调查相结合

针对滨岸土地利用与水系联通特点，在水环境调查过程中实行一般调查与重点调查相结合的原则。对于滨岸水域除了根据本规程规定的项目进行基本调查之外，对取排水口、生物多样性保护区、河口区等区域开展重点调查。

3. 实地观察与室内分析相结合

水环境是反映滨岸水域属性的基础性指标。选择能够稳定反映水环境水生态状况的主要指标，一方面通过速测仪器现场获得数据，另一方面采集样品带回实验室进行分析测定。

5.4 水质调查

5.4.1 调查内容

基于已有长江干流与重要支流水环境监测网络，通过历史数据分析与现场调查数据，查明滨岸带水环境的季节特征与空间变化，评价主要水质超标因子。

水质调查分析监测项目包括水深、水温、电导率、矿化度、盐度、pH、氧化还原电位（ORP）、溶解氧（DO）、悬浮物（SS）、氟离子、氯离子、硫酸根离子、总硬度、总磷、总氮、硝酸盐氮、亚硝酸盐氮、氨氮、高锰酸盐指数（COD_{Mn}）、总有机碳（TOC）、叶绿素 a（Chla）、K^+、Na^+、Ca^{2+}、Mg^{2+}以及镉、铅、铜、总汞、总砷、六价铬、铁、锰、锌等常量及微量金属离子。

5.4.2 调查方法与技术要求

1. 样点布设与样品采集

根据滨岸水域空间分布格局、土地利用与水系联通特征，按两种方法同时进行样点设定。一是按岸线平均距离每 10～15km 布设一个采样点；二是针对重点水域如河口、取排水口、城市带、自然滨岸带等布设样点。每个样点做 3 次重复。

（1）采样点布设需注意以下几点：

采样点要尽量做到均匀分布，两种采样方法相结合，根据水深、水域面积、土地利用等实际情况灵活运用。

水位较深的江段，应采用水位梯度和水平距离相结合的方式，在保证人身安全的情况下，尽量做到采样点如实反映滨岸水域水环境情况。

采样点的布设要考虑观测点在滨岸水域的具体地理位置（表 5.1）、地貌条件、水文地质等情况，同时还要考虑通达性等问题。

（2）样品采集应符合下列要求：

水质采样应在自然水流状态下进行，不应扰动水流与底部沉积物，以保证样品代表性。

表 5.1　水质调查位点的信息表

调查项目	调查单位	负责人	调查区域	调查时间	经度	纬度
					度分秒	

采样地点和时间应符合要求。

采样人员应经过专门训练。

采样时必须注意安全。

（3）采样时应注意以下事项：

水样采集量视监测项目及采用的分析方法所需水样量及备用量而定。

采样时，采样器口部应面对水流方向。用船只采样时，船首应逆向水流，在船舷前部逆流进行采样，以避免船体污染水样。

除细菌、油等测定用水样外，容器在装入水样前，应先用该采样点水样冲洗三次。装入水样后，应按要求加入相应的保存剂后摇匀，并及时填写水样标签。

测定溶解氧与生化需氧量的水样采集时应避免曝气，水样应充满容器，避免接触空气（表 5.2）。

表 5.2　水样的保存、采样体积及容器洗涤方法

项目	采样容器	保存剂用量	保存期	需样量/mL	容器洗涤
色度*	G. P.		12h		Ⅰ
pH*	G. P.		12h	250	Ⅰ
电导率*	G. P.		12h	250	Ⅰ
悬浮物	G. P.		14d	500	Ⅰ
碱度**	G. P.		12h	500	Ⅰ
COD_{Cr}	G.	加 H_2SO_4, pH<2	2d	300	Ⅰ
COD_{Mn}**	G.		2d	300	Ⅰ
DO*	溶解氧瓶	$MnSO_4$+碱性 KI，叠氮化钠，现场固定	24h		Ⅰ
BOD_5**	溶解氧瓶		12h	500	Ⅰ
TOC	G.	加 H_2SO_4, pH<2	7d	100	Ⅰ
Cl^-**	G. P.		30d	100	Ⅰ
SO_4^{2-}**	G. P.		30d	100	Ⅰ
HCO_3^-、CO_3^{2-}	G. P.		6h	100	Ⅰ
PO_4^{3-}-P	G. P.	NaOH, H_2SO_4 调 pH=7	7d	100	Ⅳ
TP	G. P.	HCl, H_2SO_4, pH<2	24h	100	Ⅳ

续表

项目	采样容器	保存剂用量	保存期	需样量/mL	容器洗涤
NH_4^+-N	G. P.	加 H_2SO_4, pH<2	24h	100	I
NO_2^--N**	G. P.		24h	100	I
NO_3^--N**	G. P.		24h	100	I
TN	G. P.	加 H_2SO_4, pH<2	7d	100	I
K	P.	1L 水样加 $HNO_3$10mL	14d	100	II
Na	P.	1L 水样加 $HNO_3$10mL	14d	100	II
Ca	G. P.	1L 水样加 $HNO_3$10mL	14d	100	II
Mg	G. P.	1L 水样加 $HNO_3$10mL	14d	100	II
Mn	G. P.	1L 水样加 $HNO_3$10mL	14d	100	III
Fe	G. P.	1L 水样加 $HNO_3$10mL	14d	100	III
Cu	P.	1L 水样加 $HNO_3$10mL	14d	100	III
Zn	P.	1L 水样加 $HNO_3$10mL	14d	100	III
Cd	G. P.	1L 水样加 $HNO_3$10mL	14d	100	III
As	G. P.	1L 水样加 $HNO_3$10mL; DDTC 法, HCl 2mL	14d	100	I
Cr	G. P.	加 HNO_3 至 pH<2	14d	100	III
Cr^{6+}	G. P.	NaOH, pH=8～9	14d	100	III
Hg	G. P.	如水样 pH=6.5～7.5,1L 水样加 HCl 10 mL, 其他加 HCl 到 1%	14d	100	III
Pb	G. P.	如水样 pH=6.5～7.5,1L 水样加 $HNO_3$10mL, 其他加 HNO_3 到 1%	7d	100	III

*应尽量做现场测试；** 0～4℃低温保存。

注：G 为硬质玻璃瓶；P 为聚乙烯瓶或桶。I 为洗涤剂洗一次，自来水三次，蒸馏水一次；II 为洗涤剂洗一次，自来水二次，1＋3HNO_3 荡洗一次，自来水三次，蒸馏水一次；III为洗涤剂洗一次，自来水二次，1＋3HNO_3 荡洗一次，自来水三次，去离子水一次；IV为铬酸洗液一次，自来水三次，蒸馏水一次。如果采集污水样品，可省去自来水、蒸馏水清洗步骤。

因采样器容积有限，需多次采样时，可将各次采集的水样装入洗净的大容器中，混匀后分装，但该方法不适用于溶解氧、细菌等易变项目测定。

采样时应做好现场采样记录，填好水样送检单，核对瓶签（表 5.3 和表 5.4）。

（4）质量控制样品制备。

质量控制样品数量应为水样总数的 10％～20％，每批水样不得少于两个。质量控制样品可用以下方法制备：

现场空白样。在采样现场以纯水，按样品采集步骤装瓶，与水样同样处理，以掌握采样过程中环境与操作条件对监测结果的影响。

表 5.3 水样登记表（含现场测定项目原始记录）

共　　页　　第　　页

分析项目：

仪器名称，编号，测定范围，分度值的说明：

序号	采样位置	采样日期	采样点	分析结果					
									其他

备注（包括仪器使用情况）：

分析人员：　　　　　　　　年　　月　　日

校　　核：　　　　　　　　年　　月　　日

审　　核：　　　　　　　　年　　月　　日

表 5.4　水样送检表

样品编号	按弦位置	采样点	采样时间	添加剂种类	数量	分析项目	备注

送样人员：　　　　　　　　　年　　月　　日

接样人员：　　　　　　　　　年　　月　　日

现场平行样。现场采集平行水样，用于反映采样与测定分析的精密度状况，采集时应注意控制采样操作条件一致。

加标样。取一组现场平行样，在其中一份加入一定量的被测物标准溶液。然后两份水样均按常规方法处理后，送实验室分析。

2. 水样保存与运送要求

有的规定项目和组分不够稳定，容易转化和损失。对于这些情况要采取相应的措施。如有的项目测定必须在现场测试，有的在现场取样的同时，就进行必要的处理，加入的保存剂不应对监测项目测定产生干扰。有关指导参照国家标准《水质　样品的保存和管理技术规定》（HJ 493—2009）。

1）采样容器选择

采样容器应由惰性物质制成，能抗破裂、清洗方便，且密封性和开启性均较好。同时避免样品受吸附、蒸发和外来物质的污染，所以需使用能塞紧的容器，但不得使用橡皮塞或软木塞。样品瓶可以选择硬质（硼硅）玻璃瓶或高压聚乙烯瓶，在选择样品瓶容器时，必须考虑水样与容器之间可能产生的问题，以确定容器的种类和洗涤方法。

采样容器的材质（如不锈钢或塑料）应尽可能不与水发生作用。制造容器的材料在化学和生物方面应具有惰性。光可能影响水样中的生物体，并因此产生不希望的化学反应，选材时要考虑遮光措施，如采用棕色玻璃瓶。

2）容器的洗涤

实验器皿一般用洗涤剂除去污垢灰尘，然后用清水洗净，再用硝酸（10%）浸泡 48h。新的玻璃器皿仪器用稀酸加热煮沸数分钟，然后用蒸馏水冲洗数次，根据分析项目要求分别用亚沸水或离子交换水洗 3 次，在无尘条件下晾干。玻璃和石英器皿也可先用硝酸（10%）、溴素（0.5%）混合液洗涤，最后再用水洗涤。玻璃仪器用后立即冲洗干净泡在酸中。玻璃洗净后放在干净的塑料板上，尽量避免容器外部的沾污。

3）水样保存的要求

用于理化分析的各种水样，从采集到分析的这段时间里，由于物理、化学和生物的作用将会发生各种变化。为了使这些变化降到最低程度，必须在采样时根据水样的不同情况和要测定的项目，采取必要的保护措施，并尽可能快地进行分析。

适当的保护措施可以减缓变化的速度或降低变化的程度，但是，并不能完全抑制变化，而对于那些特别容易发生变化的项目必须在采样现场进行测定。有一部分项目可以在采样现场采取一些简单的预处理措施后，保存一段时间。水样允许保存的时间，与水样的性质、分析的项目、溶液的酸度、储存的容器、存放温度等多种因素有关。因此，保存水样的基本要求是：① 减缓生物作用；② 减缓化合物或者络合物水解及氧化还原；③ 减少组分的挥发和吸附损失。

保存水样的措施主要有以下几点：① 选择适当的材料；② 控制溶液的 pH；③ 加入化学试剂抑制氧化还原反应和生化作用；④ 冷藏或冷冻以降低细菌活性和化学反应速度。

水样各类规定项目的保存见表 5.2 描述，仅作为保存水样的一般性指导。水样容器内盖应盖紧，并采用防震措施，有条件者可用冷藏箱运送；运输时应避免阳光直射、冰冻和剧烈振动；超过保存期的样品按废样处理；水样应尽快送交实验室，核查水样无误后，送接双方在送样单上签字。

3. 监测项目分析方法

分析方法的选用应根据样品类型、污染物含量、方法适用范围等确定，参照国家或行业标准分析方法《水质分析方法》（SL 78～94—1994）、《水和废水监测分析方法》（第四版）、《湖泊富营养化调查规范》（第二版）等制定水样各理化指标分析标准和方法，保证所获分析结果的精密度、灵敏度和准确度。

河流经济带岸线调查区域水质监测项目分析方法见表 5.5。各监测项目的分析应在其规定保存时间内完成。全部水样的分析一般应在收到水样后 10 日内完成。

表 5.5　水质监测项目分析方法

序号	分析项目	分析方法	检出限（下限～上限）	规范性引用文件
1	水深	YSI 多参数水质监测仪		
2	水温	YSI 多参数水质监测仪		
3	电导率	YSI 多参数水质监测仪		
4	矿化度	YSI 多参数水质监测仪		
5	盐度	YSI 多参数水质监测仪		
6	pH	YSI 多参数水质监测仪		
7	氧化还原电位	YSI 多参数水质监测仪		
8	溶解氧	YSI 多参数水质监测仪		
9	悬浮物	重量法		《水和废水监测分析方法》（第四版）
10	氟离子	离子色谱法	0.006mg/L	HJ/T 84—2016
11	氯离子	离子色谱法	0.007mg/L	HJ/T 84—2016
12	硫酸根离子	离子色谱法	0.018mg/L	HJ/T 84—2016
13	总氮	碱性过硫酸钾紫外分光光度法	0.05（0.20～7.00）mg/L	HJ 636—2012
14	总磷	连续流动-钼酸铵分光光度法	0.01（0.04～5.00） mg/L	HJ 670—2013
15	磷酸盐	连续流动-钼酸铵分光光度法	0.01（0.04～1.00）mg/L	HJ 670—2013
16	氨氮	纳氏试剂分光光度法	0.025（0.1～2.0）mg/L	HJ 535—2009
		水杨酸分光光度法	0.01（0.04～1.0）mg/L	HJ 536—2009
17	亚硝酸盐氮	分光光度法	0.003mg/L	GB 7493—1987
		离子色谱法	0.16mg/L（亚硝酸盐）	HJ/T 84—2016
18	硝酸盐氮	紫外分光光度法	0.08（0.32～4）mg/L	HJ/T 346—2007
		离子色谱法	0.08mg/L（硝酸盐）	HJ/T 84—2016
19	高锰酸盐指数 CODMn	酸性法	（0.5～4.5）mg/L	《水和废水监测分析方法》（第四版）
20	总有机碳	燃烧氧化-非分散红外吸收法	0.1（0.5～60）mg/L	HJ 501—2009
21	叶绿素 a	分光光度法		SL 88—2012
22	K^+、Na^+、Ca^{2+}、Mg^{2+}等常量金属离子	电感耦合等离子体发射光谱法	0.009～0.1mg/L	HJ 776—2015
23	铜、锌、铅、镉、铬、砷、镍等痕量金属离子	电感耦合等离子体质谱法	(0.02～19.6)μg/L	HJ 700—2014

注：水和废水监测分析方法（第四版）. 中国环境科学出版社, 2002。

对于在某些情况下利用仪器现场分析的项目，作如下要求：利用 YSI 多参数水质监测仪分析水温、pH、电导率、溶解氧、矿化度、盐度。实际应用时，要熟练掌握仪器的使用，注意仪器测定项目的适用范围，按照要求定期对待测项目进行校准，校准按照厂家说明书进行。探头有一定的使用寿命，应根据探头实际使用状况采取相应措施进行维护或更换。

5.5　水体浮游植物调查

5.5.1　试剂

鲁氏碘液：称取 6g 碘化钾（分析纯）溶于 20mL 蒸馏水中，搅拌至完全溶解后，加入 4g 碘（分析纯），摇动，至碘完全溶解，加蒸馏水定容到 100mL，贮存于磨口棕色试剂瓶中。

甲醛溶液：含甲醛 37%～40%，分析纯。

5.5.2　主要器具

采水器：一般为有机玻璃采水器，容量为 2.5L 和 5L 两种。

浮游生物网：圆锥形，25 号（孔径 64μm）。

沉淀器：1000mL 玻璃沉淀器或 1000mL 分液漏斗。

乳胶管或 U 形玻璃管。

玻璃棒。

洗耳球。

样品瓶：定量样品采用带刻度的 30mL 或 50mL 的聚乙烯塑料瓶或玻璃瓶；定性样品瓶采用 30～50mL 玻璃瓶或聚乙烯瓶。

移液枪：0.1mL。

显微镜：正置或倒置光学显微镜。

计数框：计数框面积为 20mm×20mm，容量为 0.1mL。

盖玻片。

洗瓶。

5.5.3　采样点布设

尽可能与水质理化分析采样点一致，同时考虑浮游植物的生态分布特征等设置采样点和确定采样频率。各样点的布设应具有代表性，在干流上游、中游、下游，主要支流汇合口上游、汇合后与干流充分混合处，主要排污口附近、河口区等河段设置采样断面。根据江河宽设置断面采样点，一般小于 50m 的只在中心区设点；50～100m 的可在两岸有明显水流处设点；超过 100m 的应在左、中、右分别设置采样点。

5.5.4　采样频次

可每季度一次，或在枯水期和丰水期各进行一次采样。

5.5.5　采样层次

一般视水体水深而定，水深小于 3m 且水团混合良好时，可只在表层（水下 0.5m）采样；水深在 3～10m 时，在表层、中层和底层（离底 0.5m 处）采样；水深大于 10m，在表层、5m、10m 水深处采样，10m 以下处一般不采样。

5.5.6　样品采集

先采集定量样品，每个采样点取水样 1L（贫营养型水体可酌情增加采水量）。泥沙较多时可先在容器内沉淀后再取样。分层采样时，取各层水样等量充分混匀后取水样 1L。定性样品用 25 号浮游生物网在表层缓慢拖曳采集。

蓝藻等常上浮在水体表面或有成片、成带分布的情况，在采样时应多加注意。

采样时间应尽量在一天的相近时间，如上午的 8～10 点。

5.5.7　样品固定、沉淀和浓缩

计数用水样应立即添加水样体积 1%的鲁氏碘液进行固定。如样品需保存较长时间，则需加入 37%～40%甲醛溶液，用量为水样体积的 4%。

固定后的浮游植物水样摇匀倒入 1 L 沉淀器中，在实验室静置 48 h 后，用细小玻璃管（直径小于 2mm）借虹吸方法缓慢地吸去上层的清液，注意不能搅动或吸出浮在表面和沉淀的藻类（虹吸管在水中的一端可用 25 号筛绢封盖）。最后留下约 20mL 时，将沉淀物放入容积为 30mL 或 50mL 的试剂瓶中。试剂瓶事先应在准确的 30mL 处做好标记。用吸出的上层清液或蒸馏水冲洗试剂瓶和所用虹吸装置 2～3 次，将全部溶液一起放入试剂瓶中。计数时定容至 30mL。如果最终的样品量超过 30mL，则可静置几小时后，再小心吸去多余水量。样品瓶上应写明采样日期和采样点。

5.5.8　样品鉴定

优势种类应鉴定到种，其他种类至少鉴定到属。不确定种类需保存标本以备进一步鉴定。我国目前通用的计数框面积为 20mm×20mm，容量为 0.1mL。计数时，将计数样品充分摇匀后，迅速吸取 0.1mL 样品到计数框中，盖上盖玻片，保证计数框内无气泡，也无样品溢出，置于光学显微镜下进行镜检。计数方法一般

选取目镜视野法或目镜行格法。目镜视野法的计数视野数目应根据样品中浮游植物数量的多少确定。一般计数 100～500 个视野（视野应均匀分布在计数框的全部面积上），保证浮游植物计数值至少在 300 以上。可以先计数 100 个视野。如计数后数值太少，再增加 100 个，以此类推。目镜行格法计数时，只计数横格内的藻类，连续移动，计数一横格。根据藻类多少，确定计数的横格数，一般为 5～20 行。浮游藻类的种类鉴定参照《中国淡水藻类——系统、分类及生态》。

5.5.9 计数和生物量测算

浮游植物的个体太小，很难直接称重，一般通过计数和测量体积后换算。由于浮游藻类的比重接近于 1，即 $1mm^3$ 的细胞体积等于 1mg 湿重生物量，故生物量的测定可以采用体积转化法。细胞的平均体积根据物种的几何形状计算。各种类生物量（湿重）为其平均体积，单位为 mg/L 或 g/m^3。

5.5.10 结果整理

将计数结果录入表 5.6 中，并将计数结果换算为单位体积水样中浮游植物数量，公式如下：

$$N = \left[\frac{A}{A_C} \times \frac{V_S}{V_A} \right] n \tag{5.1}$$

表 5.6 浮游植物定量检测原始记录表

（资料性附录）

<table>
<tr><td colspan="4">样品编号：</td><td colspan="5">分析时间： 年 月 日</td></tr>
<tr><td colspan="3">显微镜类型： □正置 □倒置</td><td></td><td rowspan="2">镜检方法：</td><td>□视野法</td><td>计数视野数：</td><td></td><td>计数面积：</td></tr>
<tr><td>采样方式：
□表层 □混合</td><td>采样体积/L</td><td>浓缩体积/L</td><td>计数体积/L</td><td>□行格法</td><td>计数行格数：</td><td></td><td>计数面积：</td></tr>
<tr><td>种类</td><td colspan="8">计数/个</td></tr>
<tr><td></td><td colspan="8"></td></tr>
<tr><td></td><td colspan="8"></td></tr>
<tr><td></td><td colspan="8"></td></tr>
<tr><td></td><td colspan="8"></td></tr>
<tr><td></td><td colspan="8"></td></tr>
<tr><td colspan="9">共 种</td></tr>
</table>

式中，N 为单位体积浮游植物数量（cell/L）；A 为计数框面积（mm^2）；A_C 为计数面积或视野面积（mm^2）；V_S 为 1 L 原水样沉淀浓缩后的体积（mL）；V_A 为计数框的容量（mL）；n 为计数所得浮游植物的数目（cell）。

按上述方法，A 为 20×20=400mm^2，V_S 为 30mL，V_A 为 0.1mL。

5.6　底栖动物调查

5.6.1　试剂

甲醛溶液：含 HCHO 37%～40%（质量分数）。

乙醇溶液：95%（质量分数）。

丙三醇。

加拿大树胶等。

5.6.2　主要器具

彼得森采泥器、箱式采泥器等。

带网夹泥器。

三角拖网。

索伯网。

抄网。

60 目分样筛。

白瓷盘、解剖针、尖嘴镊。

样品瓶：50mL 或 100mL 的聚乙烯塑料瓶和玻璃瓶。

电子天平（精度：0.1mg）。

显微镜。

载玻片、盖玻片。

5.6.3　采样点布设

尽可能与水质理化分析采样点一致，同时考虑底栖动物的分布特征，样点的布设应具有代表性，根据调查需要在湖泊和河流的核心区、湖湾区、沿岸带、水草区、围网区、入流区、出流区、深水区、浅水区、污染区、相对清洁区布设采样点。

5.6.4　采样频次

可每季度一次，或在枯水期和丰水期各进行一次采样。

5.6.5　样品采集

根据采样点的生境条件，选择适合的采样工具。水生昆虫、水栖寡毛类和小型软体动物，一般用抓斗式采泥器、箱式采泥器或索伯网采集，螺、蚌等较大型底栖动物，一般用带网夹泥器采集。使用蚌耙采集蚌类时，蚌耙采样宽度与拖行距离的乘积即为软体动物的采样面积。

除用定量采样方法采集定性样品外，还可用三角拖网、抄网等在沿岸带和亚沿岸带的不同生境中采集半定量—定性样品。采用抄网采样时，应尽可能在各种生境中采样，这样样品更具代表性。在同一次调查中，抄网采样应尽量由一人操作以减少采样造成的差异和保证各点的可比性。

5.6.6　样品处理与保存

将采集的沉积物用分样筛初步筛洗，剩余物装入塑料袋中，置于阴凉处或低温保温箱中，带回实验室挑出动物标本。在挑样工作中，尽量在标本活体状态中进行，并且在 1～2d 内完成挑样，气温较高时需要低温保存样品或加入适量固定液。

将洗净的样品置入白色解剖盘中，加入清水，利用尖嘴镊、吸管、毛笔、放大镜等工具进行工作，挑选出各类动物，分别放入已装好固定液的标本瓶中，直到采集的标本全部捡完为止。样品中个体数量极多时，可采用分样方法，如挑 1/2 或 1/4 样品。

寡毛类在固定前先麻醉，将标本置于玻皿中，加少量水，加 75%乙醇 1～2 滴，然后每隔 5～10min 再加 1～2 滴直至个体完全麻醉，然后加 7%甲醛溶液固定 24 h，再移入 75%的乙醇溶液中保存。仅开展单纯的定量分析时，可直接投入 7%甲醛溶液固定。

软体动物中大型蚌固定前先在 50℃左右热水中将其闷死，然后向内脏团中注射 7%甲醛溶液并投入该溶液中固定 24h，再移入 75%乙醇中保存。对小型螺蚌可直接放入 7%甲醛溶液保存。

水生昆虫一般直接投入 7%甲醛溶液中固定 24h，再移入 75%的乙醇中保存。固定液须为动物体积的 10 倍以上。

标本保存后在样品瓶外贴上标签，最后将瓶盖紧保存。

5.6.7　样品鉴定

软体动物和水栖寡毛类的优势种应鉴定到种，水生昆虫（除摇蚊科幼虫）至少鉴定到科，摇蚊科幼虫鉴定到属或种。对于有疑难种类应有固定标本，以便进一步分析鉴定。

水栖寡毛类和摇蚊幼虫等鉴定时需制片在解剖镜或显微镜下观察，一般用甘油做透明剂。如需保留制片，可用加拿大树胶或普氏胶等封片。

5.6.8　计数和生物量测算

每个采样点采得的底栖动物按不同种类准确地统计个体数，包括每种的数量和总数量。在标本已有损坏的情况下，一般只统计头部，不统计零散的腹部、附肢等。

每个采样点采得的底栖动物按不同种类准确称重，称重前，先把样品放吸水纸上轻轻翻滚，吸去体表水分，直至吸水纸上没有水痕为止，大型双壳类应将贝壳分开去除壳内水分。然后置于电子天平上称重，其数据代表固定后的湿重。

5.6.9　结果整理

把计数和称重获得的结果根据采样面积换算为 1m^2 内的密度（个/m^2）或生物量（g/m^2），计数、称重及换算的结果应随时记入表 5.7 中。

表 5.7　淡水底栖动物调查数据记录表

（资料性附录）

水体名称：			样点编号：		采样时间：	
采集人：			记录人：		鉴定人：	
序号	分类类群	种名	个体数	密度/（个/m^2）	重量	生物量/（g/m^2）
1						
2						
3						
4						
5						
……						

5.7　滨江沉积物调查

5.7.1　采样设备与材料

沉积物采样一般用抓斗采泥器、箱式采泥器或柱状采泥器。采样容器的材质（如不锈钢或塑料）应尽可能不与沉积物发生反应。采样器的材料在化学和生物方面应具有惰性，使样品组分与容器之间的反应减到最低程度。

样品容器选择原则：容器不能引起新的沾污；容器不应与某些待测组分发生反应。根据分析项目的特性，选择适合的盛装容器来包装样品。对于测定有机污染物的样品，选择不锈钢或棕色玻璃瓶，有条件的也可用聚四氟乙烯容器进行盛装。对于其他测试项目用聚乙烯密封袋，使用聚乙烯袋保存时应注意适当加固以免破损。

5.7.2　采样点布设

沉积物采样点的设置与水体理化要素监测的点位一致。对有特殊需求的，按照监测目的和沉积物状况进行布点。采样点应具有代表性，能够满足项目的要求。

5.7.3　采样频次

沉积物虽然相对稳定，但季节与突然情况（如洪水、突发污染事件）都会显著影响其理化性质，因此需要根据调查目的确定采样频次，可考虑与水质同步采样。

5.7.4　样品采集与保存

表层样采集运用改进的抓斗采泥器或箱式采泥器，在能保证沉积物不扰动的情形下采集足够的样品，采集底泥 3 次，把每次采集的表层 5cm 或 10cm 沉积物混合作为该点沉积物样品。

柱状样品采集运用柱状采样器，注意沉积物水土界面必须平整。柱状样品最好在野外分割，如果条件不允许，在运输过程中要防止受到扰动导致样品的混合。对每根沉积物柱分层切割（具体结合实际的沉积速率和调查需求）。由于重力采样器一般管径较细，需要采集多管沉积物柱。

现场将去除碎石、贝壳及动植物残体的样品密封于干净容器中，并尽快运回实验室。

沉积物的氧化还原电位应现场测定，测定有机污染物的样品须在–18℃以下的温度中保存，其他项目指标需要在 4℃温度中保存至实验室测试分析。

5.7.5 样品制备

采集的样品，需对沉积物样品进行干燥（风干、冷冻干燥或烘干）、研磨、过筛、混匀、装配，以备各项指标分析测定。沉积物样品干燥时，一般宜采用风干样品或冷冻干燥样品，少采用烘干样品作为分析样品。烘干过程中有些成分会发生变化或遭受破坏，某些成分在风干过程中也会发生变化，有条件的情况下尽量使用冷冻干燥。

5.7.6 项目分析与方法

根据调查目的确定需要测定的物理化学项目，具体分析方法见表 5.8。

表 5.8 沉积物理化性质分析项目和分析方法

分析项目	分析方法	来源
氧化还原电位	土壤 氧化还原电位的测定 电位法	HJ 746—2015
有机质	土壤 有机碳的测定 燃烧氧化-滴定法	HJ 658—2013
	土壤 有机碳的测定 燃烧氧化-非分散红外法	HJ 695—2014
总氮	土壤质量 全氮的测定 凯氏法	HJ 717—2014
总磷	土壤 总磷的测定 碱熔-钼锑抗分光光度法	HJ 632—2011
铜、锌	土壤质量 铜、锌的测定 火焰原子吸收分光光度法	GB/T 17138—1997
铅、镉	土壤质量 铅、镉的测定 石墨炉原子吸收分光光度法	GB/T 17141—1997
镍	土壤质量 镍的测定 火焰原子吸收分光光度法	GB/T 17139—1997
铬	土壤 总铬的测定 火焰原子吸收分光光度法	HJ 491—2009
砷	土壤和沉积物 汞、砷、硒、铋、锑的测定 微波消解/原子荧光法	HJ 680—2013
汞	土壤和沉积物 汞、砷、硒、铋、锑的测定 微波消解/原子荧光法	HJ 680—2013
	土壤质量 总汞的测定 冷原子吸收分光光度法	GB/T 17136—1997
铜、锌、铅、镉、铬、砷、镍	电感耦合等离子体质谱法（ICP-MS）	GB 15618—2008
有机氯农药	土壤和沉积物 有机氯农药的测定 气相色谱-质谱法	HJ 835—2017
多环芳烃	土壤和沉积物 多环芳烃的测定 气相色谱-质谱法	HJ 805—2016

第 6 章　沿岸地区经济社会调查规程

6.1　引　　言

江河沿岸地区以其独特资源与区位优势成为人口与经济活动集聚的地带。长江沿岸地区是我国重要的人口和经济集聚带，是长江经济带建设的核心轴带。沿岸地区与长江岸线形成相辅相成、相互影响的关系，长江岸线为沿岸地区提供良好的区位条件，使得沿岸地区成为地区发展的门户，也成为经济活动布局的重点区域。同时由于人口和产业的集聚也造成岸线资源的不合理利用和过度开发，大量生活和工业废水排放对长江滨岸带水环境造成影响，滨岸生态空间的挤占也给长江水生态带来巨大威胁。

开展沿岸地区经济社会调查，为长江岸线利用现状提供经济社会本底资料，有利于更深入地发掘岸线开发利用的驱动及需求；为长江滨岸带水环境污染探查生活源和工业源，有利于更深入地开展滨岸带污染源解析、改善滨岸带水环境及合理调整岸线的利用；为长江岸线生态空间的人类活动占用情况提供支撑，有助于长江岸线生态修复研究的开展。

6.2　规范性引用文件

《中华人民共和国行政区划代码》（GB/T 2260—2013）

《国民经济行业分类》（GB/T4754—2017）

《国民经济行业分类》（GB/T 4754—2017）

《环境统计技术规范 污染源统计》（HJ 772—2015）

《生态环境状况评价技术规范》（HJ 192—2015）

《第二次全国污染源普查方案》（国务院办公厅，2017）

《沿海地区社会经济基本情况调查技术规程》（国家海洋局 908 专项办公室，2006）

《中国统计年鉴 2017》（国家统计局，2017）

《中国环境统计年鉴 2016》（国家统计局能源司，2016）

《江苏统计年鉴 2017》（江苏省统计局和国家统计江苏调查总队，2017）

6.3 调 查 总 则

6.3.1 调查目的

调查集成沿岸地区经济社会数据，摸清沿岸地区人口、产业发展及分布状况，服务于长江岸线综合调查与评价工作。

6.3.2 调查范围

调查范围根据工作需要分为长江干流沿岸地区、长江干流和主要支流沿岸地区 2 个层次。

（1）长江干流沿岸地区：拥有长江干流岸线的地级以上城市，东起上海，西至宜宾，共计 27 个地级以上行政单元。

（2）长江干流和主要支流沿岸地区：拥有长江干流及主要支流岸线的地级以上城市，主要支流包括湘江、赣江、汉江、乌江、岷江、金沙江等。

6.3.3 调查基本内容

主要调查内容包括：

（1）经济社会基本情况调查。

（2）人口及城镇调查。

（3）产业发展与空间布局调查。

（4）综合调研考察与岸线利用需求调查。

6.4 经济社会基本情况调查

面向岸线资源针对沿岸地区行政建制、经济发展与社会服务基本情况、基础设施及交通发展状况开展调查。

6.4.1 历史沿革与沿岸开发历史过程

（1）历史时期沿岸地区港口、水运、城镇发展的历史沿革。

（2）1949 年以来沿岸地区行政区划的变化，沿岸开发建设的历史过程与重大事件、重要时间节点。

（3）2000 年以来沿江、沿河地区开发战略与过程。

6.4.2　经济发展与社会服务基本情况

（1）1949 年以来地区生产总值、工农业生产总体变化情况。

（2）2000 年以来地区经济社会发展逐年变化情况。

①主要指标包括：地区生产总值、固定资产投资、对外贸易情况、工农业生产情况、交通运输情况、能源生产及消耗情况、科研教育情况、居民生活基本情况（表 6.1）。

②指标数据为逐年面板数据。

③收集资料：地区统计年鉴、地区年鉴、地区国民经济和社会发展规划（年度、各时期五年规划）、地区城市总体规划等资料与图件。

表 6.1　××市沿江社会经济调查表（××年）

行政区	国土面积	人口	GDP	工业产值	固定资产投资	……
全市						
区县 1						
区县 2						
……						

6.4.3　基础设施及交通发展状况

（1）1949 年以来地区重大基础设施（桥梁、机场、道路）建设历程等。

（2）2000 年以来客运、货运及水运占比情况，各级道路密度及道路长度（面板数据）。

（3）地区重要跨江（河）交通基础设施基本情况，如表 6.2 所示。

表 6.2　地区重要跨江（河）交通基础设施基本情况调查表

行政区	设施名称	类型/等级	跨江长度	建成时间	连接线路	交通流量	备注

（4）资料收集与整理：

①涵闸、泵站、过江管（缆）线、桥梁、港口码头等涉河工程基本情况资料，已实施及规划实施的航道整治资料及航道定线制实施情况。

②沿岸地区流域综合规划、国土规划、城市建设规划、交通发展规划、航运及港口发展规划、河道（航道）整治等资料。

6.4.4　经济社会发展管控区调查

（1）调查地区各类经济社会发展布局管控保护区数量、规模及空间分布情况。

①自然保护区；

②水产种质资源保护区；

③蓄滞洪区；

④风景名胜区；

⑤重要湿地。

（2）对各类管控区进行矢量化与建库，建立空间分布数据集。

（3）对各类管控区内经济社会活动进行摸底调查，调查人口分布情况、产业分布情况（表 6.3）。

表 6.3　管控区调查表

序号	河段名称	管控区名称	类型	级别	位置	建立时间	面积/hm^2	主管部门	保护对象	拐点坐标	备注
1（例 1）	长江干流	铜陵淡水豚自然保护区	自然保护区	国家级	安庆市枞阳县、铜陵市铜陵县	2006.2	31518	环保	白鳍豚、江豚及其生境		
2											
3											
……											

6.5　人口与城镇调查

面向岸线资源针对沿岸地区人口布局、城镇发展与布局、城镇滨江公园建设等状况开展调查。

6.5.1　人口情况调查

摸清沿岸地区人口的梳理变动、构成变化、分布变化、人口迁移、劳动与就业等方面的基本情况。

调查内容：人口自然变动情况、人口迁移变化情况、人口城乡构成（城镇人口与农村人口、非农人口与农业人口）、人口密度、人口趋江（河）性分布特征、历年就业人员总数与分布、就业结构（不同行业就业人口）。

6.5.2　城镇发展与分布情况

（1）1949 年以来城镇化水平变化情况。

（2）沿岸地区城市规模与等级。

（3）重要城市群、城镇连绵区分布与发展情况。

（4）各类获得“荣誉”的城市、镇、村情况。

①城市：国家历史文化名城、全国文明城市、国家卫生城市、国家级生态市、国家森林城市、联合国人居奖城市、中国人居环境奖城市、国家园林城市、中国优秀旅游城市。

②镇村：国家历史文化名镇、国家历史文化名村、国家级/省级特色小镇试点、国家卫生镇、全国“美丽乡村”创建试点乡村、省文明乡镇等省级荣誉称号。

（5）地区新城/新区建设情况，见表 6.4。

①新城/新区开发建设战略和建设过程。

②新城/新区占用面积、发展方向、人口规模、产业规模；

③新城/新区与所调查江河岸线的关系，占用岸线与否/长度；

④新城/新区的供水、防洪、排污情况。

表 6.4　滨江新城/新区建设调查表

序号	河段名称	新城/新区名称	所在行政区	位置	建立时间/提出时间	面积/km^2	发展方向	占用岸线长度/km	备注
1（例 1）	长江干流	长江新城	武汉市	谌家矶-武湖	2017.1	30（起步期）		9.2	
2									
3									
……									

（6）城市滨江公园建设情况，见表 6.5。

①滨江公园开发建设过程和建设前地块类型；

②滨江公园面积、公园主题、接纳人口规模；

③滨江公园占用岸线长度；

④滨江公园与防洪的关系；

⑤滨江公园硬化比例和绿化比例；

⑥滨江公园采取的生态保护措施；

⑦滨江公园的生态环境破坏情况。

表 6.5　城市滨江公园建设情况

序号	河段名称	公园名称	所在行政区	建成时间	面积/hm^2	占用岸线长度/km	上游起点坐标	上游终点坐标	公园主题	建设前地块类型	硬化比
1											
2											
3											
……											

6.5.3　生活岸线需求调查

沿岸地区依托于江河岸线形成的滨岸带成为城镇生活休闲空间。岸线作为一条线性空间和水系的自然防护空间，不仅是滨水地带的一项重要组成部分，同时作为城市中的一项特殊用地，还承担了生态、绿化、防灾、景观和居民游憩、休闲娱乐等多种功能，对城市的发展和影响巨大。尽管生活岸线利用随着滨水区开发已有较大改善，但是当前生活岸线的开发利用仍然存在诸多问题，如休闲功能和公共活动空间开发不佳、堤岸设计单调乏味、空间同质化严重、驳岸设计亲水不足等。滨江生活岸线未能充分发挥其价值和功能，实际开发品质与市民需求之间还存在差距。通过实地调查、问卷访谈（表 6.6）、个案分析等方式，分析生活岸线实际需求与开发利用现状以及不足之处，为实现以生态安全为基础、以居民生活需求为动力、以提高和改善岸线空间品质为指向、以充分合理利用岸线为根本目的的岸线开发提供对策及建议。

1）调研对象的选取

对于案例的选取，主要考虑个案是否已经建成、是否对未来发展建设具有借鉴或启发意义等几个方面， 择优选取部分极具代表性的个案进行实际调查与分析。

2）分析要素

具体分析要素包括滨江住区段岸线所在区位、滨江一线建筑高度、建筑界面、单体尺度、沿岸可达性、岸线尺度、驳岸设计、活动空间和活动人群、绿化景观、公共配套设施、使用人群的空间感受、评价以及需求等关于岸线休闲生活空间建设的诸多问题。

表 6.6　居民调查问卷

____________市滨江住区段岸线开发利用需求调查问卷

调研时间：××年×月×日　　　　　　　　调研地点：

尊敬的女士/先生：

您好！我们是××项目“××调查”组成员，正在进行城市滨水住区段岸线开发利用需求调查，为充分了解和反映该类岸线开发状况和居民对该类岸线开发使用的意向和建议，敬请留下您宝贵的建议，如实填写下面的信息。真诚的感谢您的合作和帮助！

此次调查所有问卷均为匿名，对于您的所有回答予以保密，问卷仅供课题组研究统计分析，不涉及其他用途。调查结果将对滨水住区岸线的开发利用的研究和改善有一定意义。再次感谢您的大力支持和配合！（本资料“属于私人单项调查资料，非经本人同意不得泄露。”《民间统计调查管理条例》（征求意见稿）第三章第十五条）我们热切期盼您能够用几分钟时间，提出宝贵意见。（请在选项中打“√”）

基本资料：

1.住址：①本小区　②附近或周边　③本市区内其他地方　④非本市区

2.性别：①男　②女

3.年龄：①青年（30 岁以下）②中年（30～55 岁）③老年（55 岁以上）

4.受教育程度：①高中及以下　②大专或本科　③硕士及以上

5.您的职业：①公务员　②企业管理人员　③普通工人　④服务行业　⑤教育业　⑥学生　⑦离退休人员　⑧商业、金融业　⑨其他

6.户籍国籍：①本市城区　②本市郊区　③本省其他市县 ④外省市县 ⑤外籍

问卷主题：

1.您在此地生活时间：①1 年以下　②1～3 年　③3～5 年　④5～10 年　⑤10 年以上

2.您在此居住的主要目的：①定居　②改善居住环境　③就近置业（工作）④身份象征　⑤其他

3.您在此居住主要考虑的因素：①滨水而居　②城市区位　③交通条件　④配套设施　⑤环境舒适　⑥同地段楼盘价位较低　⑦工作便利　⑧投资　⑨其他

4.您对生活区边缘的岸线使用频率如何：①偶尔　②经常　③没有

5.您对所在住区滨江生活岸线的公共开发满意度：①非常不满意　②不太满意　③基本满意　④很满意

6.您对住区沿江岸线的主要使用方式：①散步健身　②居民交往　③休闲娱乐　④观光　⑤其他

7.您对居住周边的生活岸线的环境质量总体评价：①很不满意　②不满意　③基本满意　④非常满意

8.您觉得到达所在住区沿江岸线的便利程度如何：①到达非常不便　②到达不便　③基本上可以到达　④到达非常便利

9.您觉得岸线的活动设施足够么：①很少　②基本充足　③充足　④很充足

10.您觉得岸线的活动空间足够么：①非常狭窄　②狭窄　③基本满足使用　④足够

11.您觉得居住地段岸线的使用权如何：①完全公有　②部分公有　③完全私有

12.您觉得附近生活岸线开发缺乏什么：①亲水设施　②环境治理　③活动平台　④管理　⑤使用者的需求空间

13.您对沿江护坡驳岸的设计看法是什么：①设计合理，亲水性好　②设计一般，没什么感觉　③设计生硬，缺乏亲水性

14.您对沿江特别是生活区段岸线上的公共设施（垃圾箱、座椅等）作何评价：

续表

①数量充足，使用便利，较为舒适　②一般　③数量不足，使用不便，不舒适
15.您对沿江岸线的活动空间设计的看法：①空间狭窄，设计生硬单调　②环境一般，基本能满足活动需要　③空间设计丰富，层次明显，富于变化
16.您对沿江居住建筑高度作何评价：①建筑过高，遮挡江边视线　②一般，没多大影响　③高低错落，富于变化
17.您与社区内以及周围邻里关系怎样：①非常了解、关系很好、常来往　②见面打招呼、不太了解　③对邻里情况一无所知、不来往　④存在邻里矛盾
18.您和您家人基本上每天在此活动时间如何分配：①5 点～8 点　②8 点～10 点　③10 点～12 点　④12 点～14 点　⑤14 点～17 点　⑥17 点～19 点　⑦19 点～21 点　⑧21 点～23 点　⑨23 点～次日 5 点
19.您对岸线使用满意的原因：①绿化环境较好　②设施丰富　③空间较充裕　④设计较人性　⑤富有人气和活力　⑥有利于邻里交往　⑦通达性便捷　⑧安全性好　⑨其他______
20.您对沿江特别是居住段岸线的休闲堤岸活动带宽度的看法：①宽度设计合理，使用较好　②宽度设计一般，基本满足　③宽度设计较小，不能满足使用（你认为需要多少米的宽度满足活动需要？）
21.你对长江水道宽度感觉如何：①江面舒展，视野开阔　②还好，一般　③两岸建筑过高过密，江面感觉狭窄
22.您觉得你所在居住社区段生活岸线对您的生活影响如何：①调节生活压力，促进邻里交往　②增加了户外活动的时间，增加了与家人的休闲时间　③环境不好，水质差，没有吸引力　④安全性不好，公共度差，使用不变　⑤完全保护，没有开发，不得使用　⑥功能非生活性，隔离禁止使用
23.您对您所在居住社区段生活岸线开发利用的看法和建议怎样：①舒适、休闲、美观，体现滨水特点　②增加公共使用度，禁止私有　③增加岸线的可达性和安全性　④禁止非生活功能的介入，增加活动设施　⑤以人为本，尊重和体现居民的需要　⑥适度休闲开发，同时兼顾排泄和防洪　⑦注重管理维护　⑧不适用，没时间使用，没建议　⑨其他_________
24.您建议如何开发管理：①政府开发管理　②相邻地产开发商开发，私人管理　③政府与开发商合作，加强政府和公众监督　④其他_________

6.5.4　城镇取水口与排污口调查

（1）调查了解沿岸各行政区划内城镇取水口/水源地情况，水源地调查表见表 6.7。

①水源来源；

②水源保护区范围；

③供水规模与范围；

④水源地保护区占用岸线情况；

⑤水源安全的威胁与风险。

表 6.7　水源地调查表

序号	省	地区	县	乡（镇）	水源地名称	经纬度范围	取水水源类型	河湖（水库）名称	水质目标	水源地现状水质类别	是否划分水源保护区	主要供水用途	供水人口/万人	供水范围	安全风险

（2）调查沿岸城镇污水处理厂、排污口信息，城镇生活污水排污口调查表见表 6.8。

①污水处理厂、排污口位置；

②汇水来源；

③污水处理量/污水排放量；

④污水处理厂、排污口与所调查江河的关系；

⑤对江河生态环境的风险。

表 6.8　城镇生活污水排污口调查表

序号	河段名称	所在行政区	排污口名称	排污口种类	排污口位置（含经纬度）	汇水来源（污水处理厂等）	日污水排放量	排水方式（全日/间歇）	管理部门	备注

6.6　产业发展与空间布局调查

面向岸线资源针对沿岸产业结构、工业园区、重点行业与企业、工业源排污口等情况开展调查。

6.6.1　产业结构调查

（1）摸清沿岸地区产业结构、行业结构的发展情况与空间布局。

（2）1949 年以来三次产业产值及结构变化情况。

（3）2000 年以来国民经济各行业经济指标。

①产值；
②企业单位数；
③就业人口；
④用水量；
⑤用电量；
⑥能源消耗量。
（4）2000年以来规模以上工业企业主要经济指标。
①产值；
②企业单位数；
③就业人口；
④主营业务收入；
⑤利润总额。
（5）重点调查工业污染排放及处理利用情况（表6.9）。
①工业企业数（个）；
②工业锅炉数（台）；
③工业锅炉蒸吨数（蒸吨）；
④工业窑炉数（座）；
⑤工业废水排放量（万吨）；
⑥工业源化学需氧量排放量（吨）；
⑦工业源氨氮排放量（吨）；
⑧工业废气排放量（亿立方米）；
⑨工业源二氧化硫排放量（吨）；
⑩工业源氮氧化物排放量（吨）；
⑪工业烟（粉）尘排放量（吨）；
⑫一般工业固体废物产生量（万吨）；
⑬一般工业固体废物综合利用量（万吨）。

表 6.9　工业行业调查统计表

行业	①	②	③	④	⑤	⑥	⑦	⑧	⑨	⑩	⑪	⑫	……
总计													
煤炭开采和洗选业													
石油和天然气开采业													
黑色金属矿采选业													

续表

行业	①	②	③	④	⑤	⑥	⑦	⑧	⑨	⑩	⑪	⑫	……
有色金属矿采选业													
非金属矿采选业													
开采辅助活动													
农副食品加工业													
食品制造业													
酒、饮料和精制茶制造业													
烟草制品业													
纺织业													
纺织服装、服饰业													
皮革、毛皮、羽毛及其制品和制鞋业													
木材加工和木、竹、藤、棕、草制品业													
家具制造业													
造纸和纸制品业													
印刷和记录媒介复制业													
文教、工美、体育和娱乐用品制造业													
石油加工、炼焦和核燃料加工业													
化学原料和化学制品制造业													
医药制造业													
化学纤维制造业													
橡胶和塑料制品业													
非金属矿物制品业													
黑色金属冶炼和压延加工业													
有色金属冶炼和压延加工业													
金属制品业													
通用设备制造业													
专用设备制造业													
汽车制造业													
铁路、船舶、航空航天和其他运输设备制造业													
电气机械和器材制造业													
计算机、通信和其他电子设备制造业													
仪器仪表制造业													
其他制造业													
废弃资源综合利用业													
金属制品、机械和设备修理业													
电力、热力生产和供应业													
燃气生产和供应业													
水的生产和供应业													

6.6.2 工业园区调查

（1）调查沿岸地区工业园区数量、发展情况、空间分布等基本情况。

（2）各类型各级别工业园区建设情况（国家级、省级、市级）、空间分布情况。

（3）工业园区企业数量、企业类型。

（4）工业园区污染排放情况。

（5）工业园区投资强度与产出率，见表6.10。

表6.10 工业园区调查表

序号	园区名称	所在行政区	园区级别	主导产业	成立时间	园区地址（包括经纬度）	园区面积	工业产值	企业数量	投资强度	产出强度	排污情况	是否临江/占用岸线长度	备注
1														
2														
3														
……														

6.6.3 重点行业与企业调查

1. 重污染行业调查

参照第一次全国污染源普查，重污染行业包括造纸及纸制品业，化学原料和化学制品制造业，食品制造业，电力、热力生产和供应业，皮革、毛皮、羽毛及其制品和制鞋业，石油加工、炼焦和核燃料加工业，农副食品加工业，黑色金属冶炼和压延加工业，有色金属冶炼和压延加工业，纺织业，非金属矿物制品业等11个行业。

重污染行业调查除了主要经济指标以外，通过检测数据获取、排污系数法等方法核算污染物排放情况。

2. 贴岸工业企业调查，见表6.11

（1）结合岸线利用现状调查，对滨岸2km以内的化工（包含石化）、钢铁、船舶等装备制造、船舶修理、发电厂、水泥厂等贴岸工业企业进行调查。

①工业企业名称、空间位置（经纬度）、基本经济指标，并建立数据库。

②工业企业占用岸线长度。

（2）重点工业企业实地走访调查。

①投资强度；

②产出效率；

③取水口和排污口设置；

④经营状况；

⑤岸线需求（港口码头建设等）；

⑥岸线生态破坏情况；

⑦岸线生态修复情况；

⑧岸线利用调整的可能性。

表 6.11　重点贴岸工业企业调查表

序号	企业名称	所在行政区	所属行业	成立时间	地址（包括经纬度）	占地面积（包含拐点坐标）	工业产值	从业人数	投资强度	产出强度	取水情况	排污情况	是否建设码头	占用岸线长度	备注
1															
2															
3															
……															

6.7　综合调研考察与岸线利用需求调查

6.7.1　沿岸地区综合座谈调查

通过地方各级政府发改、水利、环保、交通、国土、农业、林业等部门座谈/访谈，调查沿岸地方政府对岸线开发利用的需求与布局决策思路，并获取与岸线相关的经济社会与生态环境数据资料，沿岸地区综合座谈调查提纲和沿岸地区岸线综合调查资料获取见表 6.12 和表 6.13。

表 6.12　沿岸地区综合座谈调查提纲

序号	调研问题	调研部门
1	岸线各功能类型（港口、产业、桥隧、城镇休闲、取水口、排污口、生态环境保护等）利用的需求及建议	各部门
2	“十三五”规划中区域产业布局思路、岸线利用与保护的思路与建议；岸线综合整治（非法码头、非法采砂等）情况及建议	发改

续表

序号	调研问题	调研部门
3	岸线资源开发利用总体情况、存在问题、规划思路和主要建议	水利
4	跨江（河）重大交通设施（港口、桥隧等）布局情况及岸线利用与保护的建议	交通
5	重要江河生态环境保护的基本情况与设想、生态红线划定设想及对岸线利用与保护的建议	环保
6	沿岸地区地质灾害分布、地质灾害防治规划思路及对长江岸线利用与保护的建议	国土
7	滨江湿地及湿地公园空间分布、珍稀动植物保护情况及对长江岸线利用与保护的建议	林业
8	种质资源保护、水生动物保护情况及对长江岸线利用与保护的建议	农业

表 6.13　沿岸地区岸线综合调查资料获取

序号	部门资料清单	调研部门
1	岸线综合整治（调整）情况资料等	发改
2	地表水功能区划及统计表；蓄滞洪区、防洪防汛重点岸段空间分布；江河取水口、排污口分布数据	水利
3	综合交通运输体系发展规划；港口综合统计报表；水运发展规划等	交通
4	地质灾害分布及易发程度分区图；地质灾害防治规划图等	国土
5	国控、省控断面水质数据；生态红线规划等	环保
6	滨江（河）湿地空间分布、湿地公园统计表；珍稀动植物保护区等	林业
7	种质资源保护区、水生动物保护区、鱼类产卵场统计表及分布图等	农业

6.7.2　岸线利用需求调查

从国家交通产业政策、地方政府发展需求、长江重大涉水涉岸工程规划、岸线利用现状、周边城镇和产业集聚规模水平、腹地资源环境基础、综合交通可达性和区位重要性出发，建立岸线利用需求等级评价的准则，基于行政单元（地市级），综合评价岸线利用的需求等级。首先，通过搜集国家涉及临江地区的交通、产业、涉水工程等重要规划与决策文件，搜集沿江地区各级政府出台的区域规划、城市规划、土地利用规划、产业布局规划中关于沿江开发和岸线利用的整体规划思路，并进行梳理与汇总；其次，对沿江典型地区的发改、环保等部门进行调研，了解沿江地区政府对岸线开发利用的需求强度与布局决策思路。依据港口岸线、工业岸线等利用类型，评估岸线资源利用需求等级，划分为高需求等级、中需求等级、低需求等级等强度类型，并基于地市级行政单元进行统计。

通过问卷调查方法，获取地方政府在未来规划中对岸线资源利用的需求意愿和需求量情况，如表 6.14 所示。

表 6.14　××市（县/区）岸线资源利用需求等级情况统计表

利用类型	需求等级（高/中/低）	需求长度/km	计划调整改造长度/km
港口岸线			
工业岸线			
城镇生活与旅游岸线			
饮用水源岸线			
过江通道岸线			
其他			

6.8　数据处理与资料整编

6.8.1　原始资料整理

1. 整理内容

调查表格、现场记录、相关资料、遥感影像、调查现场照片和录像等。

2. 记录格式

表格采用纸质版和电子版，电子版表格采用 xlsx 格式，文档采用 word 和 txt 格式，遥感影像采用原始记录格式，矢量地图数据采用 shp 格式，照片采用 jpg 格式，录像资料采用 mpeg 格式。

6.8.2　成果资料整理

1. 成果资料汇编

（1）沿岸地区经济社会调查专题报告。
（2）沿岸地区经济社会调查统计报表。
（3）沿岸地区经济社会调查影像资料。
（4）沿岸地区经济社会调查数据库（经济社会基本情况数据集、人口与城镇数据集、产业数据集、综合调研考察数据集）。

2. 图件汇编

（1）图件编绘要求：
标出图廓、方里网、图名、指北针、比例尺、坐标系、投影方式等，并标出制图单位与时间。

（2）主要图件包括：

①经济密度空间分布图（行政单元、网格）；

②人口密度空间分布图（行政单元、网格）；

③人口流动空间示意图；

④城镇格局空间分布图；

⑤名城/名镇/名村空间分布图；

⑥新城/新区空间分布图；

⑦城市滨江公园分布图；

⑧岸线利用需求空间差异示意图；

⑨重要城镇饮用水水源地分布图；

⑩重要城镇生活污水处理厂、排污口分布图；

⑪重要工业园区分布图；

⑫重污染行业企业个数与行业产值空间格局图；

⑬贴岸工业企业空间分布图；

⑭自然保护区空间分布图；

⑮水产种质资源保护区空间分布图；

⑯蓄滞洪区空间分布图；

⑰风景名胜区空间分布图。

6.9　报告编写内容与格式

前言

第 1 章　沿岸地区自然地理与社会经济概况

第 2 章　调查方法与过程

第 3 章　调查成果与结果

第 4 章　结果分析

第 5 章　讨论与建议

参考文献

附件

第 7 章　数据整编与数据库建设技术规程

7.1　引　　言

7.1.1　数据整编与数据库建设目标

围绕项目的总体目标，本项目中所形成的岸线资源本底调查、开发利用评估、生态环境问题追踪、岸线资源优化分区等多方面成果将以时空数据库与可视化平台的形式进行展示与管理。因此，数据整编与数据库建设目标在于：

（1）整合项目中涉及的卫星遥感、地面调查、模型模拟、社会经济统计等多源化的数据采集手段，制定面向长江岸线资源的多源异构海量数据整编标准。

（2）建成岸线资源综合利用时空数据库，并形成以数据标准化管理与成果可视化展示为核心的岸线资源综合管理平台，实现长江岸线资源的数据共享与标准化管理。

7.1.2　数据整编与数据库建设意义

基于以上具体科技目标，本项目形成的调查、评价、分区技术方案与研究成果将为中国其他江河的岸线资源评价提供技术规范、分类分级指标与标准借鉴；为政府部门、科研机构和公众提供长江岸线科学数据与共享服务；为国家构建科学合理的长江自然岸线格局提供科学方案；为水利、自然资源、生态环境等部门及沿江各省市提供岸线管控方案。

7.1.3　数据整编与数据库建设内容

1. 长江岸线资源多源异构数据的标准化整编与管理

整合项目中涉及的卫星遥感、模型参数、社会经济统计、野外样点分析、小区观测试验等多源技术手段，开发多源异构海量数据采集、清洗、抽取与管理技术，制定面向长江岸线资源调查与评估的数据存储与整编规范，为岸线资源综合利用时空数据库的建设提供依据。

2. 岸线资源综合利用数据库建设

基于长江岸线资源数据整编规范，制定海量数据表结构、数据目录、数据元结构与字段类型等标准，结合 Oracle 数据库服务与 ArcSDE 空间建库技术，建成包含基础本底数据库、卫星遥感影像源数据库、开发利用评价数据库、陆域与水域生态环境数据库、岸线评价与分析成果管理数据库在内的岸线资源综合利用时空数据库，为可视化平台的研发提供数据支撑与驱动。

3. 岸线资源可视化管理平台研制

以岸线资源综合利用时空数据库中的多源异构海量数据为驱动，建成岸线资源可视化管理平台，以多源异构数据的发布、整编、查询、编辑与更新等功能为核心，辅以三维动画、音视频、动态图表等可视化插件技术，实现岸线资源开发利用现状评价、生态环境问题跟踪、分区与规划成果集成管理等功能的联动与协同管理。

7.1.4 拟解决的关键问题

岸线资源多源异构数据的标准化整编与规范化管理，是本课题需要解决的关键问题。岸线资源自然本底、开发利用现状、生态环境变化等方面的综合化、立体化调查需要综合卫星遥感、调研走访、模型模拟、小区试验等多源技术手段，不同手段所产生的海量数据存在数据元不统一、口径多样、数据格式标准化程度低等问题，直接影响了岸线资源的数据协同管理与共享。因此，本研究将通过多源异构数据采集、清洗、抽取、转换等中间件技术的研发，实现面向长江岸线资源综合利用的海量数据标准化、规范化整编，这也是建立岸线资源时空数据库与可视化平台的基础。

7.2 规范性引用文件

岸线资源数据建库的技术依据包括地理国情普查相关文档和相关技术标准。

7.2.1 相关文档

《中华人民共和国渔业法》（1986 年 1 月 20 日全国人民代表大会通过，2004 年 8 月 28 日修正，执行）

《中华人民共和国水污染防治法》（1996 年 5 月 15 日修正、施行）

《第一次全国地理国情普查实施方案》（国务院第一次全国地理国情普查领导小组办公室，2013 年 9 月）

《数字正射影像生产技术规定》（国务院第一次全国地理国情普查领导小组办公室，2013 年 8 月）

《遥感影像解译样本数据技术规定》（国务院第一次全国地理国情普查领导小组办公室，2013 年 8 月）

《地理国情普查数据规定与采集要求》（国务院第一次全国地理国情普查领导小组办公室，2013 年 8 月）

《多尺度数字高程模型生产技术规定》（国务院第一次全国地理国情普查领导小组办公室，2013 年 11 月）

7.2.2　相关标准和规范

《基础地理信息要素分类与代码》（GB/T 13923—2006）

《基础地理信息数据库基本规定》（CH/T 9005—2009）

《国家基本比例尺地形图分幅和编号》（GB/T 13989—2012）

《中华人民共和国行政区划代码》（GB/T 2260—2013）

《地理格网》（GB/T 12409—2009）

7.3　数据整编总则

7.3.1　整编任务与内容

长江经济带岸线资源调查与评价所获得的调查和成果数据丰富，包括不同尺度的多源遥感影像数据、野外地面调查数据以及不同年代的社会经济统计数据，在数据库建设之前必须首先对上述多源异构数据进行规范化整编，建立基础数据源的概念、逻辑及物理结构规范。在此基础上，针对数据库建设的具体内容，分别建立不同数据库的要素指标、数据的逻辑与结构规范。

7.3.2　数据分类与编码

根据项目设计内容，本书拟建设的时空数据库将涵盖卫星遥感数据库、岸线资源基础数据库、开发利用现状数据库、生态环境数据库以及课题对岸线资源的规划、评价、分区、开发保护建议等的成果管理数据库。具体拟整编的数据类别如表 7.1 所示。

表 7.1　数据库建设内容分类

序号	数据库	具体内容	要素指标
1	卫星遥感数据库	影像	1987 年 Landsat TM 数据（仅江苏） 2000 年 Landsat ETM+数据 2010 年 Landsat TM 数据 2015 年 Landsat 8 数据
2	岸线基础数据库	水系	长江干流中心线、长江重要支流结构线、长江干流结构线
		道路	高铁、普速铁路、高速公路、国道、省道、其他道路
		岸线	自然岸线、人工岸线
		构筑物	堤坝、水电气油管道、港口、过江通道、气象站点、矶头
		土壤	土壤类型、黏粒、砂质、粉质、有机质
		地质地貌	DEM
		气候条件	平均温度、平均降水量
		地理单元	行政区划单元（省、市、区/县）
		社会经济	人口数、GDP
3	开发利用数据库	工业设施点位	工业设施点位
		生产生活	重要集中饮水水源地、排水口、排污口
		岸线利用现状	工业与港口岸线、城市生活旅游岸线、生态预留岸线
		土地利用状况	土地利用
4	生态环境数据库	水源涵养	水源涵养量
		水土保持	土壤侵蚀量
		固碳能力	固碳功能
		植被覆盖	植被覆盖度
		蓄滞洪区	蓄滞洪区名称、等级、面积、容积
		地质灾害	地质灾害易发等级
		生态保护区	生态功能分区、生物多样性优先保护区、水域生态保护区
		水质	水质等级、重金属浓度、有机污染物浓度、水体微生物含量
		沉积物	重金属含量、有机污染物含量、微生物含量
5	成果管理数据库	评价结果	岸线开发利用评价、岸线生态经济综合分区
		地方咨询成果	专题图集、咨询报告

7.4　岸线资源数据加工处理技术规范

为保证长江经济带岸线资源综合利用成果数据顺利入库，需要对所有成果数据进行入库前系列预处理，包括投影转换、属性结构调整、对象化处理、数据派生处理、规则地理网格生成等。在数据建库时，通过开发数据预处理工具软件，实现数据预处理批量进行。

7.4.1 投影转换

由于长江经济带岸线资源调查成果数据生产时采用的是高斯-克吕格投影，建库前需要将已有的并经检查验收的成果数据，包括 DEM 数据、模型模拟数据、矢量要素数据等，从高斯-克吕格投影转换到地理坐标（WGS-84 坐标系、经纬度坐标）数据。

7.4.2 属性结构调整

1. 增加 GUID 要素唯一标识字段

为了支撑地理要素对象化查询以及后期数据更新，为岸线资源综合利用数据各矢量要素层添加全局唯一标识符 GUID 字段，GUID 字段在数据建库时统一添加和赋值。

2. 增加所属实体编码字段

构筑物堤坝、过江通道、港口、矶头增加所属道路或所属河流字段（BRN 和 BEC 字段），记录所属道路编号或水系实体编码。

3. 增加要素起止时间字段

对矢量数据各层添加对象有效时间字段，包括起始时间 ElemSTime 和终止时间 ElemETime 字段。

7.4.3 长江岸线资源要素对象化处理

面向统计分析需要，方便对象化查询与统计分析，对地表覆盖数据、道路要素、水系要素、构筑物、地理单元数据等实体进行对象化处理。对象化处理包括相邻的相同属性要素合并、添加实体对象编码和要素唯一编码等。

1. 实体对象相邻要素合并

数据中一个地物对象可能对应多个图形要素，为方便对象化统计分析，需要将相邻、属性一致、属于同一对象的要素合并为一个对象，并赋以同一实体编码。

有公共边的相同地表覆盖类型图斑合并成一个多边形。相邻道路要素各项属性完全相同且相邻处没有其他道路相交的合并为一个路段，有其他道路相交处保留结点。面状水系有公共边的相邻要素，属性相同的合并成一个多边形；线状水系相邻要素各项属性完全相同且相邻处没有其他河渠相交的合并为一个图形要素，有其他河渠交汇处保留结点。

2. 添加要素唯一性编码

为方便图层中要素标识和以后数据的更新维护，对每一要素添加的全局唯一标识符 GUID 字段进行唯一性编码。可以采用自动递增编码或由算法生成的二进制长度为 128 位的数字标识符。对每一图层来说，每个要素的 GUID 是唯一的，用于表示每一要素的编号，以区分不同地理要素。

3. 添加构筑物所属对象实体编码

添加构筑物 SFCL、SFCP 各层地物所属道路或所属河流的道路编号或水系实体编码到 BRN 或 BEC 字段。

4. 添加矢量要素起始时间

对各矢量要素层，添加矢量要素起始时间到 ElemSTime 字段。

7.4.4 栅格数据处理

栅格数据处理主要包括多 DEM 数据图层生成以及模型模拟数据处理。

DEM 元数据层以 1∶1 万和 1∶5 万混合接图表图层表示，DEM 数据元数据按照 1∶1 万和 1∶5 万标准分幅描述，DEM 元数据内容作为图幅属性项进行存储。岸线资源数据库综合利用模型模拟等方法生产元数据，并描述整个生产处理过程的情况，包括成果数据基本信息、数据源情况、数据采集情况、数据编辑与整理情况、成果总体精度情况等方面的 5 个图层。需要叠加、合并、处理成影像数据源（主要影像数据源、补充影像数据源情况）、地表覆盖与地理国情要素参考资料情况（道路要素、水体要素、构筑物要素、地理单元要素使用的参考资料情况）、数据采集与编辑整理情况、其他总体情况（成果数据基本信息、成果总体精度情况）等 4 个矢量数据层中。

7.5 岸线资源数据库结构

7.5.1 数据库总体结构

长江经济带岸线资源调查与评价所获得的调查和成果数据丰富。在数据库建设之前必须首先对上述多源异构数据进行规范化整编，建立基础数据源的概念、逻辑及物理结构规范。制定海量数据表结构、数据目录、数据元结构与字段类型等标准，结合 Oracle 数据库服务与 ArcSDE 空间建库技术，通过 Spatial、ADO、JDBC 等接口实现数据库存储与访问，实现各种数据一体化无缝建库。同时，基于云计算和面向服务的系统架构，采用 C/S 和 B/S 混合应用模式设计并开发数据库管理与分析系统，实现岸线资源调查数据集成管理、统计分析、成果展示、更新维护、应用服务等方面的功能。建成包括卫星遥感数据库、岸线基础数据库、开发利用数据库、生态环境数据库和成果管理数据库在内的岸线资源综合利用时空数据库，为可视化平台的研发提供数据支撑与驱动。岸线资源综合利用数据库总体结构如图 7.1 所示。

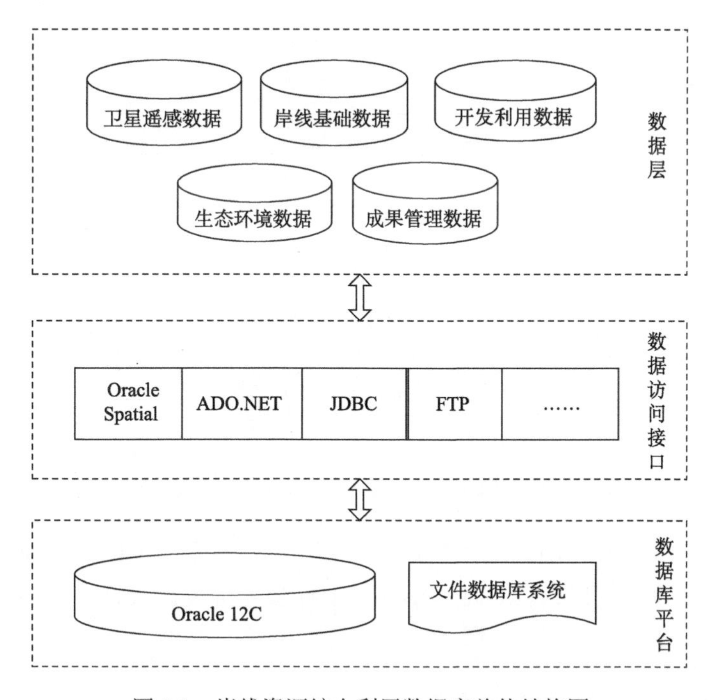

图 7.1　岸线资源综合利用数据库总体结构图

7.5.2　数据库空间参考

1. 平面坐标系

为实现各种数据统一存储和建库，国家级和省级地理国情数据库都采用 WGS-84 坐标系，地理坐标以度为单位。

2. 高程基准

采用 1985 国家高程基准，高程单位为米。

7.5.3　数据库概念设计

1. 遥感影像数据库概念模型

影像数据包括 1987 年、2000 年、2010 年和 2015 年 4 个时间节点。1987～2010 年的历史影像采用 Landsat TM/ETM+数据，精度为 30m；现状影像使用资源三号国产卫星影像产品，空间分辨率为 2m，总数据量达到 150GB。遥感影像数据的概念模型如图 7.2 所示。

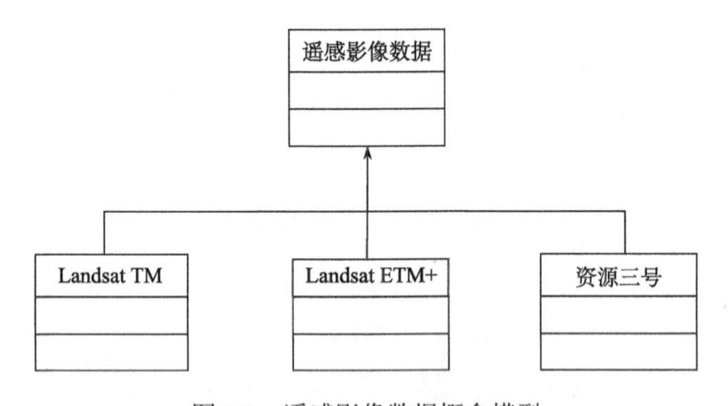

图 7.2　遥感影像数据概念模型

2. 岸线基础数据库概念模型

长江经济带岸线基础数据库具体内容主要包括水系、道路、岸线、构筑物、土壤、地质地貌、气候条件、地理单元以及社会经济统计数据。各要素数据概念模型如图 7.3 所示。

3. 岸线开发利用数据库概念模型

岸线开发利用数据由工业设施点位、生产生活、岸线利用现状、土地利用状况等类型的空间范围和属性信息组成，要求数据在项目区范围内全覆盖。岸线开发利用要素数据概念模型如图 7.4 所示。

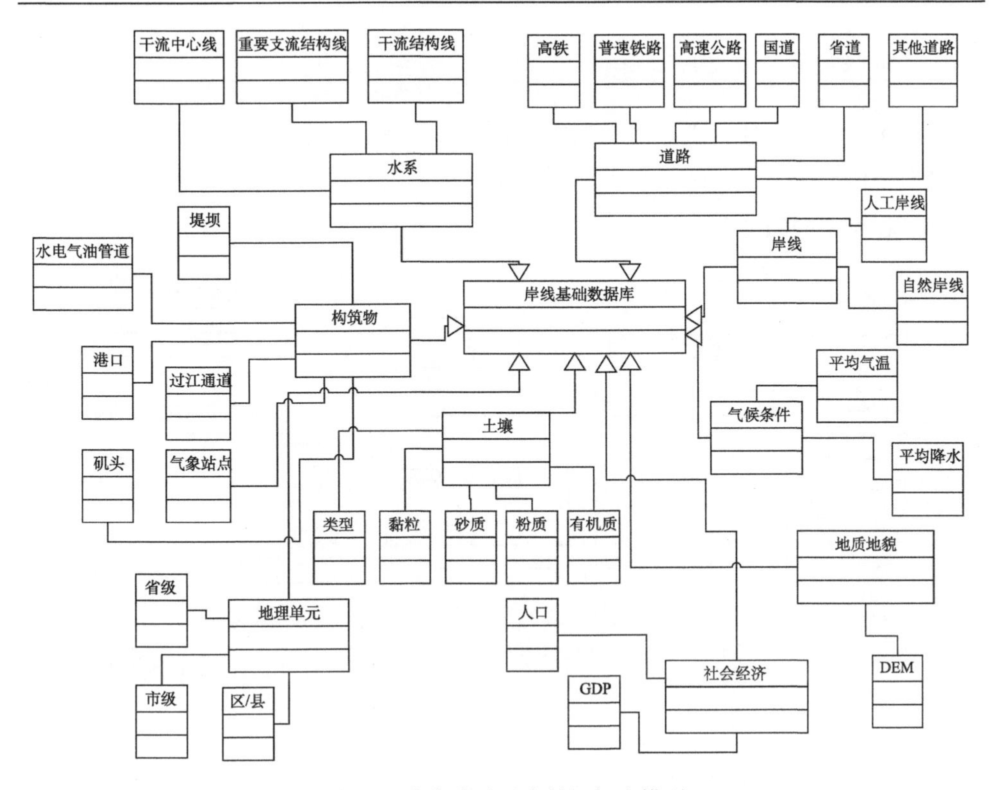

图 7.3　岸线基础要素数据概念模型

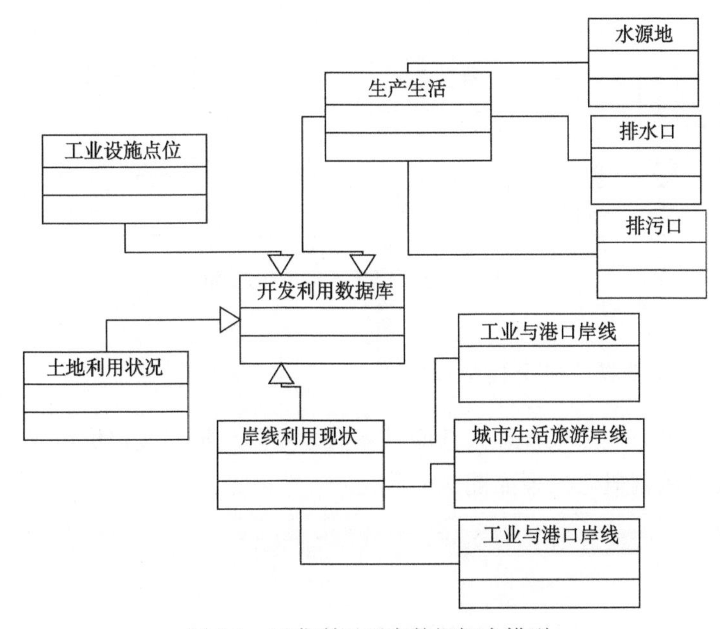

图 7.4　开发利用要素数据概念模型

4. 生态环境数据库概念模型

长江经济带岸线生态环境数据库具体内容主要包括水源涵养、水土保持、固碳能力、植被覆盖、蓄滞洪区、地质灾害、生态保护区、水质、沉积物。各要素数据概念模型如图 7.5 所示。

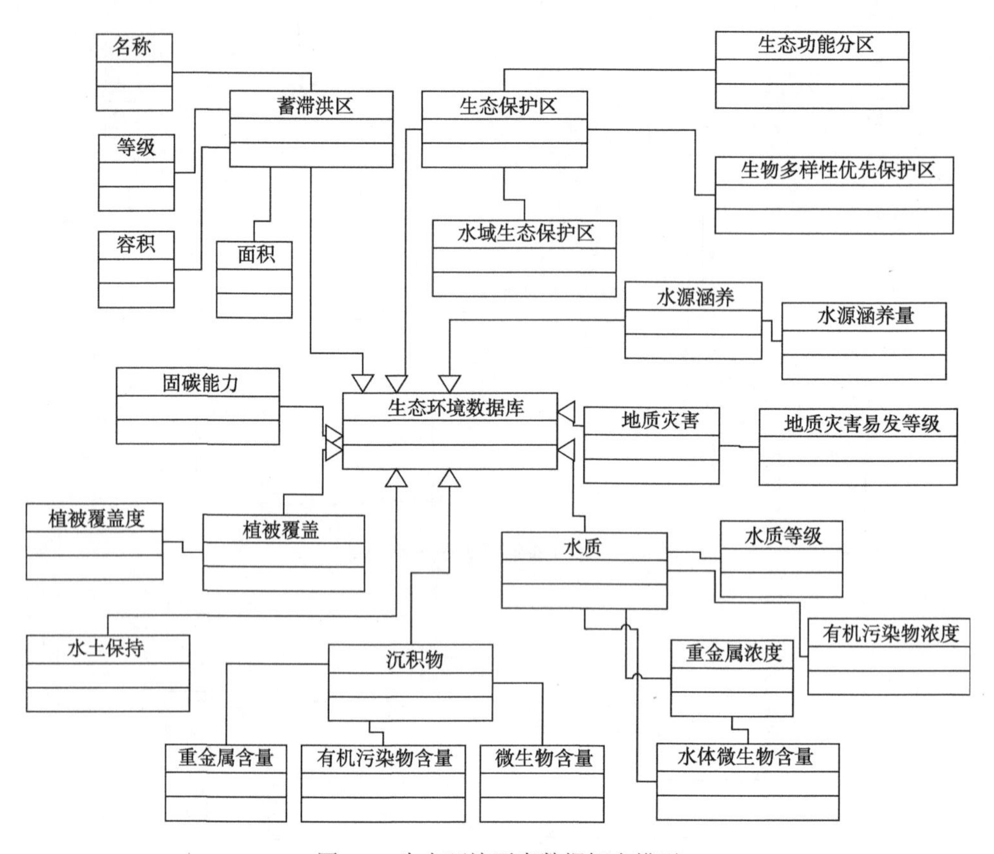

图 7.5　生态环境要素数据概念模型

5. 成果管理数据库概念模型

长江经济带岸线成果管理数据库具体内容主要包括岸线评价结果、地方咨询成果。各要素数据概念模型如图 7.6 所示。

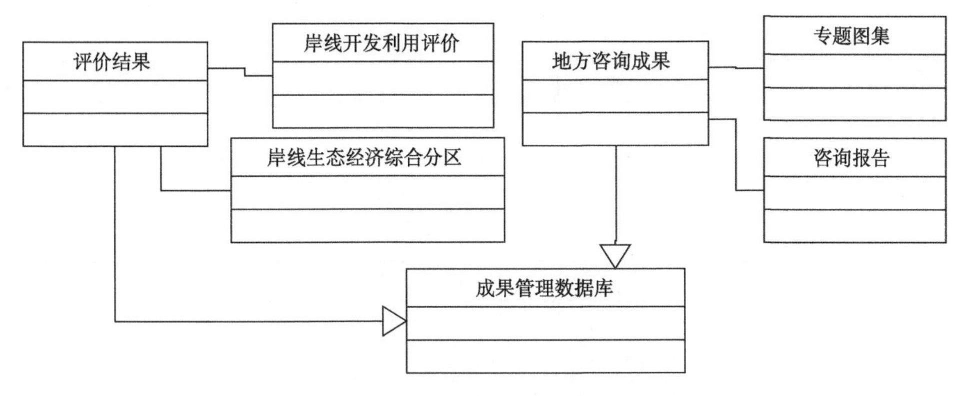

图 7.6　成果管理要素数据概念模型

7.5.4　数据库逻辑设计

长江经济带岸线资源综合利用数据库基于 Oracle12C 和 Spatial 环境下的 GeoDatabase 模型进行逻辑设计，所有数据统一在 WGS-84 坐标系、以度为单位的地理坐标下建库。数据库中数据分矢量数据、栅格数据、普通表格数据等进行组织管理。其中，矢量数据包括道路要素及路网、水域要素及水网、构筑物要素、地理单元、野外采样等数据集；栅格数据包括 DEM、地表覆盖、模型模拟数据等数据；普通表格数据包括社会经济统计数据、用户权限管理等数据。

长江经济带岸线资源综合利用数据库逻辑构成如表 7.2 所示。

表 7.2　长江经济带岸线资源综合利用数据库逻辑构成

数据名称	类型	说明
遥感数据库		
R_RSILAND_图符号	栅格数据集	30m×30m 格网覆盖研究区标准图幅范围
R_RSI 资源三号_图符号	栅格数据集	2m×2m 格网覆盖研究区标准图幅范围
岸线基础数据库		
水网数据集 HydDataset		
V_HYDL	矢量线层	水系（线）
道路要素及路网数据集 TrsDataset		
V_LRRL	矢量线层	铁路（线）
V_LRDL	矢量线层	公路（线）
岸线要素数据集 CoaDataset		
V_COAL	矢量线层	岸线（线）

续表

数据名称	类型	说明
构筑物要素数据集 StrDataset		
V_SFCL	矢量线层	堤坝、水电气油管道、过江通道
V_SFCP	矢量点层	港口、气象站点、矶头
土壤要素数据集 SoiDataset		
R_CIAY	栅格数据	1km×1km 格网土壤黏粒数据
R_SAND	栅格数据	1km×1km 格网土壤砂质数据
R_SILTY	栅格数据	1km×1km 格网土壤粉质数据
R_SOM	栅格数据	1km×1km 格网土壤有机质数据
DEM 数据集 DEMDataset		
R_DEM	栅格数据集	1km×1km 格网 DEM 数据集
气候要素数据集 CilDataset		
R_TEM	栅格数据	1km×1km 格网平均气温数据
R_PRE	栅格数据	1km×1km 格网平均降水数据
地理单元数据集 UniDataset		
V_BOUA2	矢量面层	省级行政区域
V_BOUA4	矢量面层	地市州级行政区域
V_BOUA5	矢量面层	县级行政区域
社会经济统计数据集 StaDataset		
T_STAT_POPU	表格数据	人口统计数据
T_STAT_GDP	表格数据	GDP 统计数据
开发利用数据库		
工业设施点位数据集 IndDataset		
V_INDUSTRYP	矢量点层	工业设施点位数据
生产生活要素数据集 ProDataset		
V_WATERP	矢量点层	水源地点位数据
V_OUTP	矢量点层	排水口点位数据
V_DRAINP	矢量点层	排污口点位数据
岸线利用现状数据集 UtiDataset		
V_UTIL1	矢量线层	工业与港口岸线线状数据
V_UTIL2	矢量线层	城市生活旅游岸线线状数据
V_UTIL3	矢量线层	生态预留岸线线状数据
土地利用数据集 LanDataset		
R_LCR	栅格数据	1km×1km 格网土地利用数据

续表

数据名称	类型	说明
生态环境数据库		
R_WCC	栅格数据	1km×1km 格网水源涵养量数据
R_USLE	栅格数据	1km×1km 格网土壤侵蚀量数据
R_NPP	栅格数据	1km×1km 格网固碳功能数据
R_COVER	栅格数据	1km×1km 格网植被覆盖度数据
V_DETENTION	矢量面层	包含蓄滞洪区等级、名称、面积、容积属性值的矢量面状数据
R_DISASTER	栅格数据	1km×1km 格网地质灾害易发等级数据
V_RESERVE	矢量面层	生态功能分区、生物多样性优先保护区、水域生态保护区矢量面状数据集
V_QUALITY	矢量点层	包含水质等级、重金属与有机污染物浓度、水体微生物含量属性值的矢量点状数据
V_SEDIMENT	矢量点层	包含沉积物重金属与有机污染物含量、微生物含量属性值的矢量点状数据
用户权限管理		
T_USERINFO	表格数据	用户信息
T_FUNRIGHT	表格数据	功能权限
T_FUNINFO	表格数据	功能信息
T_DATARIGHT	表格数据	数据权限
T_FUNCTIONRIGHT_FUNINFO	表格数据	功能权限与功能关系
T_DATARIGHT_LAYERINFO	表格数据	数据权限与目录关系

注：V_表示矢量数据层，R_表示栅格数据层，T_表示普通表格数据。

7.5.5　数据库物理设计

在逻辑设计基础上，设计并确定最符合长江经济带岸线资源综合利用数据集成管理和统计分析应用环境的物理存储结构和数据访问方法，用以满足数据对象的创建、变更和访问所需，节省存储空间，提高数据库性能。

存储记录结构设计主要是解决如何在物理上建立数据库存储结构。其中利用 Oracle Spatial 存储空间数据包括地形与其他栅格数据、矢量数据及元数据等，其他非空间按照传统关系数据库表存储。按照存储记录结构差异，长江经济带岸线资源综合利用数据库中的数据可分为以下几种类型。

1）栅格数据

地形与其他模型模拟的栅格数据为 ArcGIS GRID 格式，在数据库中采用

Oracle Spatial 的镶嵌数据集格式进行数据存储，并按照图幅进行组织。镶嵌数据集（mosaic dataset）能够对栅格数据进行动态镶嵌和实时处理，可以对数据集进行索引，并且可对集合执行查询。

2）矢量数据

采用 File GeoDatabase 方式并按图层统一存储在 ArcGIS GeoDatabase 数据集中。在建库时采用 Oracle Spatial 的 SDO_Geometry 格式进行数据存储，按不同数据集 DataSet 进行组织。

3）社会经济统计数据

社会经济统计数据最终成果数据为 Access 数据库格式，其中空间型社会经济统计数据存储为 Oracle Spatial 的 SDO_Geometry 格式，普通关系表直接导入到 Oracle 数据库中利用 Oracle 的关系表进行存储。

4）遥感影像数据

多源遥感影像数据是按照不同分辨率分别组织的 GeoTIFF 格式，在数据库中采用 Oracle Spatial 的镶嵌数据集格式进行数据存储，并按照图幅进行组织。镶嵌数据集（mosaic dataset）能够用于管理和发布海量多分辨率的影像，可以对数据集进行索引，并且可对集合执行查询。

5）网络数据

路网和水网网络数据由普查要素数据通过数据库管理系统的构网工具构建而来，网络数据以 Oracle Spatial 的 NDM（network data model）数据模型进行存储，同时将公路网和铁路网、水系网格分开存储。

6）其他需要新生成普通表格数据

对于数据库系统管理数据、其他普通表格数据等按照数据库逻辑表结构构建，在 Oracle 数据库中以普通关系数据表存储。

7.6 岸线资源数据集整编

岸线资源数据集整编包括需求分析、数据库设计、数据对象化预处理、数据入库、路网和水系构建、数据库管理与统计分析软件设计开发、数据库系统集成测试等过程。岸线资源综合利用数据库建设总体技术流程如图 7.7 所示。

7.6.1 数据库设计

完成岸线资源调查数据库设计，确定数据库内容，开展数据库概念设计、逻辑设计、物理设计、运行维护设计等。

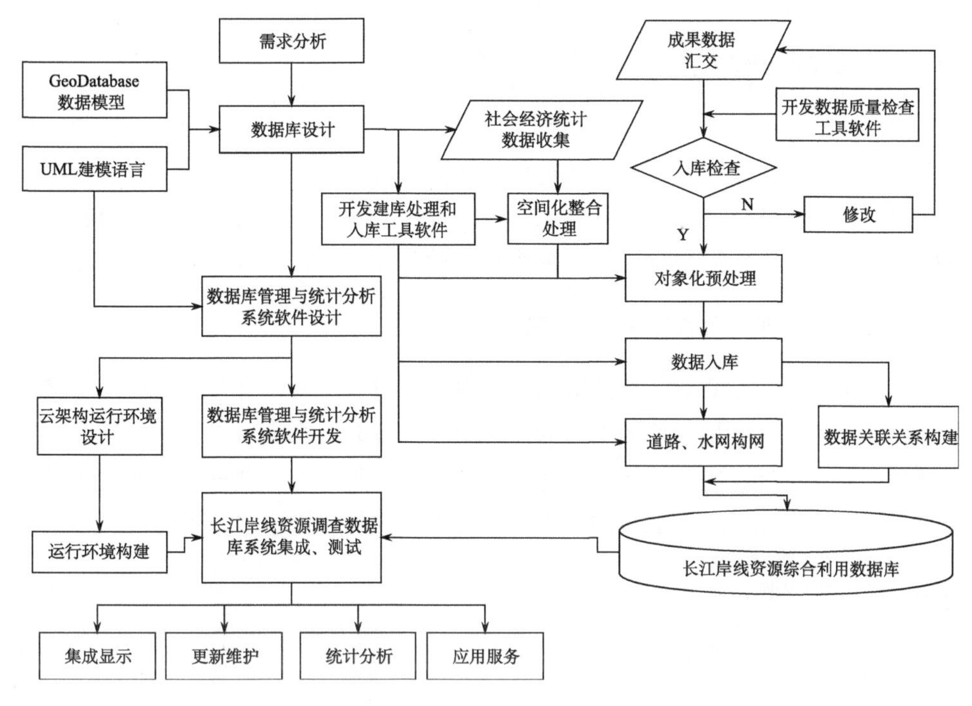

图 7.7　岸线资源综合利用数据库建库总体技术流程

7.6.2　成果数据入库检查

在数据入库前，需要对通过二级检查、一级验收后的岸线资源调查各种数据进行入库检查，主要检查成果数据中影响入库的数据问题，包括影响数据入库的要素层和要素层之间的拓扑、数据一致性、完整性以及在数据质量检查中忽略的问题。对于具有普遍性、影响数据入库的问题需要返回到生产单位进行修改后再进行入库。同时，按照数据库技术规定要求对生产单位上交的岸线资源调查数据库进行质量检查。

7.6.3　成果数据对象化预处理

为确保岸线资源调查各种成果数据顺利入库并满足统计分析应用的要求，需要按照数据库技术设计对岸线资源调查成果数据进行入库前系列预处理，包括数据投影转换、拓扑关系构建、属性结构调整、对象化处理、数据派生提取、规则地理网格生成等。对岸线资源调查最终成果数据进行预处理，生成满足岸线资源建库与统计分析的成果数据。

7.6.4 数据入库和建库处理

在数据库与 GIS 平台环境下按照数据库设计建立岸线资源数据库框架，将岸线资源调查各种数据和经济社会统计信息入库，并根据数据库设计方案对数据库进行建库处理，具体包括入库处理工具软件设计开发、数据入库、数据可视化、数据建库处理、入库后数据检查等多个环节的工作。

7.6.5 数据库管理与分析系统设计开发

针对岸线资源监测数据库的数据集成管理和统计分析、分发服务等的需要，设计数据库管理与分析系统的架构和功能，并进行开发和调试工作，实现数据集成显示、检索查询、统计分析、专题图制作、元数据管理、数据输出服务等业务功能，并编写与开发工作配套的技术设计文档和操作使用手册。

7.6.6 系统集成测试

在局域网环境下将建成的数据库、开发完成的数据库管理与分析系统、软硬件运行环境等进行安装部署和集成，并对集成后的系统进行测试和完善，最终形成面向用户的可运行数据库系统。

参 考 文 献

陈伟民, 黄祥飞, 周万平, 等. 2005. 湖泊生态系统观测方法[M]. 北京: 中国环境科学出版社.

国家海洋局 908 专项办公室. 2006. 沿海地区社会经济基本情况调查技术规程[M]. 北京: 海洋出版社.

国家环境保护总局, 《水和废水监测分析方法》编委会. 2009. 水和废水监测分析方法(4 版)[M]. 北京: 中国环境科学出版社.

国家林业局. 2008. 全国湿地资源调查技术规程(试行)[R]. 北京: 国家林业局.

国家统计局, 环境保护部. 2016. 中国环境统计年鉴 2016[M]. 北京: 中国统计出版社.

国务院办公厅. 国务院办公厅关于印发第二次全国污染源普查方案的通知[EB/OL]. (2017-9-10)[2018-3-16]. http://www. zhb. gov. cn/gzfw_13107/zcfg/fg/gwyfbdgfxwj/201709/t20170922_422076. shtml.

黄祥飞. 2000. 湖泊生态调查观测与分析[M]. 北京：中国标准出版社.

江苏省统计局, 国家统计江苏调查总队. 2017. 江苏统计年鉴 2017[M]. 北京: 中国统计出版社.

金相灿, 屠清瑛. 1990. 湖泊富营养化调查规范(第二版)[M]. 北京: 中国环境科学出版社.

吕宪国, 等. 2005. 湿地生态系统观测方法[M]. 北京: 中国环境科学出版社.

吴冬秀, 韦文珊, 宋创业, 等. 2012. 陆地生态系统生物观测数据:质量保证与控制[M]. 北京: 中国环境科学出版社.

章宗涉, 黄祥飞. 1991. 淡水浮游生物研究方法[M]. 北京: 科学出版社.

中国科学院南京地理与湖泊研究所. 2015. 湖泊调查技术规程[M]. 北京: 科学出版社.

中华人民共和国国家统计局. 2017. 中国统计年鉴 2017[M]. 北京: 中国统计出版社.